ISBN-13: 978-0-244-97442-8

Manual de
ALBAÑILERÍA

Fundamentos, aplicaciones y prácticos

Ing. Miguel D'Addario

Primera edición
Comunidad Europea
2018

Índice

Introducción / 15
Construcciones horizontales
Análisis histórico, económico, cultural y sociológico de los edificios en altura. Desarrollo en el tiempo **/ 16**
La ciudad de la época moderna **/ 17**

Hormigón armado / 20
Calculo estructural: la casa "domino" **/ 21**
Los nuevos sistemas de construcción. Montaje de Elementos. Confort funcional **/ 22**
Aceleración del envejecimiento **/ 24**

Elementos de la albañilería / 25
Componentes de la albañilería
Morteros
Unidades de Albañilería. Clasificación **/ 26**
Muro portante **/ 30**
Determinación de la resistencia de la albañilería y esfuerzos admisibles
Determinación de la Resistencia. Método 1. Método 2
Esfuerzos Admisibles **/ 32**
Cálculo de Esfuerzos
Albañilería Confinada. Albañilería Armada. Albañilería no Reforzada **/ 33**
Descripción del proceso constructivo de albañilería confinada y armada. Informe de la obra visitada **/ 36**
Identificación de la cuadrilla que ejecuta los muros

Equipos y herramientas utilizados en albañilería / 38
Buriles, cinceles, punzones
Cordel
Escuadra del albañil **/ 39**
Nivel de burbuja
Plomada **/ 40**
Fija de hierro
Cubo **/ 41**
La pila
Pala
Pico **/ 42**
Marro o mazo

Cuña. Paletas. Cuchara de albañil o triangulo. Plana I **43**
Llana. Pisón de mano. Carretilla de mano I **44**
Escantillón. Identificación de los recursos materiales empleados para la construcción de los muros I **45**
Determinación de la Productividad en la construcción de los muros I **46**
Conclusiones y recomendaciones I **47**

Uso de la Cal / *48*
Materiales básicos de los morteros I **49**
El agua. Arena. La cal. Yeso. Pigmentos. Aditivos I **50**
Etapas culturales de la cal. Neolítico I **53**
Morteros egipcios y griegos. India I **54**
Los morteros romanos. Bizancio I **59**
Morteros medievales. Arte islámico I **65**
El renacimiento y barroco. Siglo XVIII I **69**
Aglomerantes modernos. Antecedentes clásicos I **72**
Aglomerantes hidráulicos I **73**
Ciclo de la cal. Fabricación de la roca I **75**
Clasificación. Cales aéreas. Cales hidráulicas I **76**
Aplicaciones I **78**

Uso del cemento / *79*
Historia del cemento I **81**
Obtención I **83**
El cemento portland se fabrica en cuatro etapas básicas
Transformación I **84**
Características I **85**
Calidad. Experiencia. Tecnología. Investigación
Certificación. Control. Normalización I **86**
Clasificación del Cemento por sus Adiciones I **88**
Clasificación por Características Especiales
Clasificación por su Clase Resistente
Empleo de los Cementos Portland I **90**
Seis puntos que usted debe saber para la elaboración del concreto. Mezcla. Colocación. Curado. Descimbrado I **91**
Resistencia de diseño. Impacto medio ambiental I **93**

Morteros y hormigones / *95*
Definición. Tipos de morteros. Según el aglomerante
Componentes de los morteros
Granulometría. Condiciones en agua. Aditivos I **96**
Fabricación y propiedades de los morteros I **98**
Aplicaciones y dosificaciones I **101**

Acondicionamiento del terreno I **103**
Cimentación (Ejemplo: Para un Museo)
Red horizontal de saneamiento I **104**
Estructura. Cubiertas. Cerramientos. Tabiquería I **105**
Revestimientos. Carpintería. Instalaciones I **110**
Fontanería. Saneamiento. Electricidad I **113**
Climatización. Urbanización I **114**
Compactación del terreno I **116**
Beneficios de la compactación I **117**
Rodillos compactadores. Compactador de suelo I **118**
Especificaciones detalladas I **119**
Compactador de rellenos sanitarios
Vibratorio de suelo.
Vibratorios de asfalto I **121**

Uso del asfalto */ 122*
Asfalto para la construcción I **125**
Conclusión I **126**

Cimentaciones y planos */ 128*
Contenido de un plano. Definición
Clasificación de cimentaciones / ***130***
Cimentaciones superficiales I **132**
Esfuerzos de terreno (qs) / **134**
Losa de cimentación I **141**
Cimentación flotante I **142**
Cimentaciones profundas
Cimentación por pilotes I **143**

Forjados */ 148*
Función arquitectónica I **149**
Función estructural I **150**
Función constructiva. Habitabilidad I **151**
Aislamiento térmico. ¿Cómo se cumplen? I **152**
Aislamiento acústico. Comportamiento ante el fuego I **153**
Comportamiento ante el fuego de materiales. Clases I **154**

Conductos */ 156*
Conductos artificiales. Conductos naturales

Uso de Maderas */ 162*
Introducción
Defectos de la madera
Nudos. Clasificación de los nudos I **163**

Fendas. Clasificación de las fendas I **164**
Fendas de corazón partido. Las fendas de heladura
Las fendas de desecación. Defectos de la forma del tronco
Defectos de la estructura de la madera I **165**
Corazón descentrado. La corteza intermedia I **166**
Fibra torcida. Fibras corroídas. Descolorido
Deformaciones y enfermedades de la madera.
Tratamiento de la madera I **170**
Curado de la madera. Secado de la madera. Secado al aire libre I **172**
Secado artificial. Secado mixto. Estabilidad I **173**
Protección superficial. Tratamiento de la madera mediante preservante I **174**
Preservante. Composición química. Fijación I **175**
Preparación de la solución preservante
Concentración de la solución preservante en producto
Concentración de la solución en óxidos I **177**
Descripción del proceso, método Bethell
Retención de producto preservante. Penetración de producto preservante. Mala penetración. Etapas en el proceso de impregnación I **178**
Etapas del proceso. Transformación de la madera I **179**
Maquinaria para la transformación de la madera I **181**
Otra de las maquinas empleadas es la sierra de cinta I **182**
Las maquinas eléctricos portátiles I **183**
Herramientas manuales
Los empalmes. Entre los empalmes tenemos I **184**
Conclusión

Placas de yeso */ 186*
Ventajas I **187**
Elementos del sistema. Propiedades.
Tipos de placas. Placas estándar. Placas resistentes a la humedad I **189**
Placas Resistentes al fuego
Placas desmontables I **190**
Perfiles. Perfil Solera. Perfil montante I **191**
Perfil omega. Perfiles para cielorrasos desmontables I **192**
Perfil Perimetral. Perfil larguero
Perfil Travesaño. Perfiles de terminación I **193**
Perfil Cantonera. Perfil ángulo de ajuste I **194**
Perfil buña perimetral Z
Masilla. Tipos de masillas. Masilla en pasta I **195**
Masilla en polvo. Paredes. Tipos de paredes I **196**

Cielorraso / 197
    Cielorraso con yeso
    Yeso en vigas
    Norma de medición I **198**
    Cielorraso con mezcla
    Tipos de cielorrasos I **199**
    Cielorraso Junta Tomada
    Cielorrasos desmontables. Cielorrasos pegados I **200**
    Suspendidos. De malla metálica. De paneles I **201**
    Pasos para la colocación de paneles I **202**

Pinturas / 203

Tips para realizar tareas de albañilería / 207
    El hormigón. Cuándo se debe utilizar
    Cuál es su proporción
    Algunas cosas que debe saber I **208**
    Cómo se realiza. Las espumas. Composición I **209**
    Cuándo se deben utilizar. Cómo se realizan I **210**
    Las fijaciones. Dimensiones. Cómo se usan I **211**
    Tipos de fijaciones. Ventanas I **212**
    De qué materiales están hechas. Tipos de ventanas
    La arquitectura condiciona. Los aislantes I **214**
    Evaluación del problema. No debe olvidar I **215**
    Materiales. Los ladrillos I **216**
    Cada una de las caras de un ladrillo tiene un nombre
    Colores y texturas. Tipos de ladrillos I **217**
    Debe saber. Los selladores. Dónde se usan I **218**
    Ventajas. Los más utilizados I **219**
    Niveles y pomadas. Tipos de niveles. Leer un nivel I **220**
    Qué es una plomada. Rejillas y extractores I **221**
    Distintos aparatos para distintos lugares
    Conductos necesarios I **222**
    Una buena ventilación de tu casa hará I **223**
    Las paletas. Tipos. Para qué se usan. Consejos
    Prevenir y reparar goteras en techos exteriores I **225**
    Cuáles son las causas. Resolver goteras en los techos exteriores
    Goteras junto a ventanas. Consejos I **226**
    Tarima flotante estratificada para zonas de trabajo I **227**
    Qué es una tarima flotante. ¿Por qué elegirla? I **228**
    Sus ventajas con respecto a los pavimentos de madera
    El mantenimiento de la tarima
    Precio de los materiales. ¿Sabías? I **230**

Cómo cambiar una baldosa rota o que "baila" / 231
Qué necesitas. El proceso, paso a paso
Sanear el suelo de cemento de un garaje / 233
Las pinturas. La preparación. Los pasos para pintar
Cómo colocar losetas de vinilo / 235
Diferentes tipos de losetas. Materiales necesarios
Pasos a seguir. Instalar moqueta con cinta adhesiva
Distintas posibilidades / 237
Materiales. Preparar el suelo.
Pasos para la instalación / 238
Colocar una ventana. La colocación. Fijado del marco
Detalles. Tipos de corte en cerámica / 240
Cortes rectos y diagonales / 241
Realizar orificios para tubos. Formas curvas
Cortes especiales. Encimera de baldosas / 242
Materiales. Pasos previos. Cómo poner las baldosas / 244
A tener en cuenta. Alicatar sobre azulejos
Recomendaciones previas / 245
Materiales. Y las siguientes herramientas
Remate profesional / 246
Las filtraciones en el yeso. Herramientas. Pasos / 247
Pintar el muro. Reparar las juntas de la ventana / 248
Posibles soluciones. Materiales
Evite que se cuele el agua / 250
Colocar una cornisa de yeso / 251
Para su correcta colocación. ¿Qué necesitará?
Pasos para colocar una cornisa de yeso / 252
Colocación. Formas de revocar una pared / 253
Lo que debe saber. Tipos. Consejos / 254
Construir un camino de piedra para el jardín / 255
Propuesta. Debe tener en cuenta / 256
Pasos para construir el camino de piedras / 257

Trabajos prácticos / *259*
Colocación de los pernos de anclaje
La lámina superior / 260
Pendiente para las vigas / 262
Vigas / 264
Relleno de latas / 266
Techo / 269
Tragaluz / 270
Corte de la viga
Barrera de vapor / 272
Aislamiento del techo y el perímetro / 273

*Entierro 1 / **275***
*Techando sobre la berma / **276***
*Desagüe / **277***
*Cricket y peraltes / **278***
*Techado en frío / **279***
*Entierro 2 / **281***

Terminología */ 282*

Bibliografía */ 285*

Introducción

Construcciones horizontales

Si hiciésemos un breve inventario de la terminología que empleamos cotidianamente y que constituye una especie de folklore lingüístico aceptado, encontraríamos, entre las expresiones más conspicuas del mismo, los términos "propiedad horizontal". Con ellos se abarca una determinada zona del amplio espectro de tipos arquitectónicos que integran nuestro paisaje urbano y de este modo, con tácito acuerdo, hablamos de la "propiedad horizontal" sin cuestionarnos la propiedad de la expresión. Esto es así, porque tanto se ha generalizado el uso de una nomenclatura que define un régimen legal de propiedad de inmuebles, aplicándola a un determinado tipo constructivo encuadrado en él, que actualmente, el uso habitual identifica "la propiedad horizontal" (así con articulo determinante) con la construcción de edificios de departamentos en altura, destinados a vivienda. Sin lugar a dudas, la identificación no es gratuita. Otros factores contribuyeron además al desarrollo de este fenómeno. Es así entonces, que a pesar de que el fenómeno "propiedad horizontal" abarca un campo más extenso que aquel con el que se lo identifica habitualmente, el hecho de que el mayor porcentaje de las construcciones de esta clase estén dedicadas a viviendas permite enfocar el tema desde una perspectiva en la que este uso particular ocupe el punto focal.

Análisis histórico, económico, cultural y sociológico de los edificios en altura

Desarrollo en el tiempo

La aparición de edificios de vivienda colectiva en altura con caracteres asimilables a aquellos que hoy involucramos en los términos "propiedad horizontal", es consecuencia indirecta de las causas que originan el crecimiento urbano y secuela directa de este y de la concentración de población y actividades que le son propias. Como antecedente histórico, dejando de lado las aglomeraciones constructivas producto de la arquitectura espontánea a lo largo del tiempo que puedan asemejarse en forma aparente al tipo en cuestión, se lo puede rastrear ya en la antigüedad clásica. En efecto, cuando por ejemplo Roma llega a ser la gran urbe, centro de poder, junto a la "domus" tradicional, tipo de casa patriarcal, con atrio, propiedad de una familia, aparece y se extiende la "ínsula". Esta constituyo un tipo de vivienda intensiva, desconocido hasta entonces, en el que las habitaciones y patios se multiplican en serie. Tenían tres y hasta cuatro plantas con departamentos para varias familias, con balcones. Estas unidades se abrían a la calle y no ya, como era usual, hacia el patio interior, generando una relación con el medio urbano enteramente distinta. Este mismo hecho, consecuente con el crecimiento de las ciudades, se manifiesta a lo largo de las sucesivas épocas históricas, desde la ciudad medieval, pasando por el "rush" de la ciudad industrial de fin de siglo, hasta arribar a la metrópoli actual en la que alcanza su mayor magnitud a expensas de las modernas técnicas de construcción.

Como es evidente, factores ajenos a la mera posibilidad de ocupación física del espacio, demostraron la imposibilidad de una progresión al infinito en tal sentido. De esta manera, el crecimiento vegetativo de la población; su aumento por migraciones internas y externas; la concentración de las actividades en determinadas áreas (generalmente la "city", el casco primitivo de la ciudad, excéntrico con relación a la posterior extensión tentacular de la misma), la progresiva complicación de la redes de infraestructura, su dispersión, en grandes recorridos conjunta con su concurrencia hacia las zonas de congestión, etc., son eslabones finales todos, de una larga cadena de causas y efectos (religiosos, filosóficos, políticos, sociales, económicos) que condujeron inexorablemente al crecimiento en vertical de las ciudades.

La ciudad de la época moderna

Ciudad Moderna: se caracteriza por la gran densidad urbana (especialmente en el centro) y la utilización de rascacielos o edificios elevados rodeados por plazas desiertas y amplios estacionamientos. Mientras los proyectos de la ciudad jardín se asentaban en el campo, existían otros que planificaban hasta el último detalle de una ciudad industrial moderna. El sistema de circulación incluía vías diferentes para los vehículos y para los peatones y calles de tránsito y de urbanización. Las superficies verdes suponían más de la mitad del área urbana. En ellas había grupos poco compactos de viviendas independientes, sencillas y construidas industrialmente con hormigón armado, que garantizaban una ventilación y una iluminación aceptables. Esta nueva concepción de la ciudad preparo el camino a los modernos, convirtiéndose en los principios básicos de la modernidad. Si la ciudad tradicional marcaba sus límites frente al campo, se basaba en la división de trabajo de esferas de influencia pública y privada, establecía una distinción clara entre las plazas y los parques y los edificios privados y separaba el urbanismo de la arquitectura, la ciudad moderna se asentaba en una urbanización unitaria, publica y con zonas verdes organizada por un poder planificador de carácter central y estatal. En la actualidad las ciudades del sureste asiático constituyen el campo de experimentación del nuevo modelo de metrópoli: la ciudad del caos. Esta "ciudad" ya no se construye a partir de las comunidades de sus habitantes, que se reflejan en una forma unitaria de construcción, sino desde la confrontación de intereses opuestos, que explotan un campo de oportunidades muy abierto, pero fugaz. La planificación no cuenta con ninguna posibilidad en el proceso de cambio y crecimiento permanentes a que está sometida la ciudad. El acero como "esqueleto" estructural. Aceleración en los tiempos de la construcción y ductilidad de formas. Una manifestación memorable de ese acontecimiento fue la Exposición Universal de París de

1889, que marcó el triunfo de las construcciones metálicas. La construcción que deslumbró al mundo y marcó el verdadero punto de partida en la historia de las construcciones fue la Torre Eiffel. Después de ella se han construido muchos edificios de gran tamaño y notable alarde técnico, pero ninguno la superó en su atrevimiento innovador.

En Norteamérica las construcciones con esqueletos metálicos tuvieron y siguen teniendo gran difusión. Nacieron así numerosos edificios de gran altura llamados rascacielos. Los más célebres son el Woolworth Building, el rascacielos Chrysler y el Empire State Building, todos ellos construidos en Nueva York. La difusión de dichas construcciones ha obligado a los estudiosos a elaborar métodos de cálculo adaptados a las estructuras de muchos pisos, como así también al uso del ordenador o computadora para facilitar los mismos. Pero el sistema constructivo llamado de "hormigón armado" obtuvo muy pronto el favor de los constructores, porque permite obtener casi las mismas cualidades de resistencia y audacia de las estructuras metálicas conservando, además, la monumentalidad de las construcciones con muros. En Italia, al ser proclamada la autarquía, en 1935, el hierro quedó prohibido y se construyeron en hormigón armado hasta los rascacielos, contra toda conveniencia, como es fácil de constatar si se tiene en cuenta que en una construcción de ese tipo la sección de las pilastras en la base se hace tan grande que absorbe una parte considerable de la superficie utilizable en los pisos bajos. En Bari, excluyendo las industrias para los cuales se han construido numerosos galpones metálicos, puede afirmarse que el empleo de los esqueletos de acero para las construcciones civiles se reduce a dos casos: el palacio del Renacimiento y la sede actual del U.P.I.M; y el de la casa del estudiante, de 10 pisos, con un ala enteramente construida en esqueleto metálico. En las últimas décadas, la situación ha cambiado mucho, y la elección entre ambos sistemas se inclinó mucho hacia el hormigón (en nuestro medio), debido al alto costo del acero en la construcción.

Hormigón armado

Los nuevos materiales de construcción se fueron imponiendo progresivamente. Lo que inicialmente solo tenía aplicación en los edificios industriales y utilitarios, poco a poco fueron conquistando los dominios arquitectónicos tradicionales. Las insospechadas posibilidades del hormigón, sobre todo revolucionaron la arquitectura. A partir de obras como el Pabellón del Centenario (1913) se dio acabadas muestras de los enormes vanos que podían construirse utilizando el nuevo material, sin necesidad de incluir pilares adicionales de sustentación que reducirían notablemente la visibilidad en el interior de la sala. Cuanto más penetraba en su campo de visión las enormes posibilidades que alumbraba el hormigón como material de construcción, más se modificaba la actitud del arquitecto frente a este material, al que se atribuyó progresivamente una estética propia en su forma desnuda. Si en un edificio de apartamentos de la calle Franklin de París, Auguste Perret recubrió con mosaicos los soportes de hormigón, su garaje del año 1905, también en la capital francesa, dejaba encubierto el entramado de hormigón, sobre el que se aplicó simplemente una capa de color para proteger el edificio de las inclemencias meteorológicas que pudieran deteriorarlo. Los vanos de la fachada existentes entre las columnas se cerraron totalmente con cristales. La retícula de hormigón permitió a Perret lograr una disposición del espacio interior relativamente libre, que podía adaptarse plenamente a las necesidades de estacionamiento y maniobras de los coches.

Calculo estructural: la casa "domino"

Este desarrollo llevado adelante por Le Corbusier se trataba de un proyecto de fabricación de casas en serie que permitiría realizar en pocas semanas una estructura de hormigón. De ahí el juego con la palabra "Dom-ino" como nombre industrial patentado para denotar una casa tan estandarizada como un dominó. La distribución en zigzag de una agregación de estas casas se parecía a las formaciones de una partida de dominó.

Para ello se partía de una amplia tipificación de las partes fabricadas, sobre todo de los elementos de encofrado de hormigón. En sus casas Dominó el arquitecto formuló por primera vez de una manera consecuente los conceptos de racionalidad y funcionalidad totales; Le Corbusier deseaba ver el Dom-ino como una pieza de equipo análoga en su forma y modalidad de construcción, a una pieza típica de diseño de producto (la casa máquina o máquina de vivir).

Aunque no superaron la fase de simples proyectos no realizados, ya que esta producción sólo podía ser obtenida a través del ejercicio de unas capacidades de alto nivel bajo condiciones de fábrica y la utilización de mano de obra especializada, estos planes caracterizaron la posterior evolución de las ideas arquitectónicas y urbanísticas de Le Corbusier.

Los nuevos sistemas de construcción. Montaje de elementos

La Prefabricación se define como el intento de sistematización y coordinación entre los distintos elementos constructivos destinado a facilitar su puesta en obra, lo cual de una forma u otra siempre ha estado presente en la construcción. La aparición masiva recibe su gran impulso debido a la gran necesidad de construir viviendas de una forma numerosa, barata y rápida, necesidades originarias en las guerras, migraciones, centros urbanos y la explosión demográfica. Los ensayos realizados hasta la fecha han alcanzado resultados no satisfactorios o contradictorios, ya que la necesidad de crear grandes infraestructuras y la imposibilidad de que la prefabricación total tenga cabida fuera de grandes operaciones edificatorias, "pone en evidencia la imposibilidad de generalizar los sistemas e incluso la economía de los métodos". El desarrollo de estos elementos ha llevado a un gran avance en cuanto a la industrialización de elementos y a la incorporación de técnicas a la edificación convencional. La construcción de almacenes y naves industriales se hace casi enteramente a través de la puesta en obra de este tipo de materiales. La tendencia en otro tipo de edificaciones es creciente a la hora de incorporar elementos estandarizados y coordinados, lo cual no repercute en los aspectos de calidad y versatilidad de la edificación.

Confort funcional

El confort lo ha entronizado el funcionalismo: pasillos cortos, minúsculas zonas neutras (que son aquellas que aparecen enlazando los dormitorios y los baños) y circulaciones simplificadas. Una buena iluminación es un complemento insustituible del funcionalismo. Todo ha sido concebido como un contenedor que encierra pequeñas cajas contiguas intercomunicadas con los "bordes" ordenados. Nada de sorpresas, pasiva aceptación de la oferta, confort convencional adecuado a sus disponibilidades económicas. Pero como ya se dijo, esa convincente respuesta que es capaz de dar el funcionalismo occidental está muy lejos de ser universal. En una de las formas más duras del funcionalismo, el llamado racionalismo, cualquier esfuerzo en la casa ha sido minimizado, sea este referido a la accesibilidad ("tener todo a mano"), se trate de la sencillez del mantenimiento higiénico o de la preparación de la comida, todo ello unido al aumento del confort en muebles, camas y acondicionamientos térmicos a la manera occidental.

Aceleración del envejecimiento

La vivienda como los objetos de uso cotidiano se construían y se pensaban para permanecer un tiempo prolongado, es decir, se aceptaba como lógico el arraigo. El modelo de hoy pasará rápidamente a ser antiguo. La arquitectura debe intentar asociar lo cualitativo a lo cuantitativo. Ejemplo: anteriormente el arraigo es ponderado positivamente como una cualidad muy significativa para el hombre morador en la medida que permite establecer una simbiosis entre él y su casa.

En conclusión, ha llegado la hora de replantear los elementos de la arquitectura a partir de sus contenidos esenciales. Y uno de los caminos es ir indagando la vivienda colectiva tal como lo intentamos nosotros, poniendo en duda todo lo realizado hasta ahora.

Elementos de la albañilería

Como ingenieros, técnicos y oficiales, y conscientes de la importancia que tiene la participación directa de los estudiantes en las obras, se detalla seguidamente los elementos que componen la albañilería, los cuales tienen por objeto esclarecer dudas que surjan y ampliar los conocimientos y prepararnos convenientemente para enfrentar situaciones similares como futuros ingenieros, técnicos y oficiales de obras.

Componentes de la albañilería

Morteros

En construcción se da el nombre de mortero a una mezcla de uno o dos conglomerantes y arena. Amasada con agua, la mezcla da lugar a una pasta plástica o fluida que después fragua y endurece a consecuencia de unos procesos químicos que en ella se producen. El mortero se adhiere a las superficies más o menos irregulares de los ladrillos o bloques y da al conjunto cierta compacidad y resistencia a la compresión. Los morteros se denominan según el conglomerante utilizado: mortero de cal, o de yeso. Aquellos en los que intervienen dos conglomerantes reciben el nombre de morteros bastardos. El RNC en su Norma E. 070 de Diseño en Albañilería define el mortero como "Adhesivo empleado para pegar unidades de albañilería", las proporciones de aglomerante y agregado indicado son:

a) Cuando se emplee cemento portland tipo I y cal Hidratada.

TIPO	CEMENTO	CAL	ARENA
P1 – C	1	1	4
P2 – C	1	1	5
NP – C	1	1	6

b) Cuando se emplee sólo cemento portland tipo I

TIPO	CEMENTO	ARENA
P1	1	4
P2	1	5
NP	1	6

A estas proporciones indicadas se añadirá la cantidad máxima de agua que dé una mezcla trabajable con el badilejo, adhesiva y sin segregación de los constituyentes.

-Mezcla el mortero: Coloca los materiales en una carretilla y usa un azadón para revolver bien los ingredientes.

Unidades de Albañilería

Son elementos prismáticos de pesos que permiten ser manejados por los trabajadores, pueden ser sílico, calcáreos, arcilla cocida, bloques de concreto, adobe, etc.

En el RNC se encuentran las siguientes definiciones:

-Ladrillos de arcilla calcinada. Deben ser bloques prismáticos, con masa sólida del 15 % o más de su volumen nominal constituido por una mezcla, principalmente de

Albañilería  *Ing. Miguel D'Addario*

arcilla o suelos arcillosos, con pequeña proporción de agregados finos debidamente dosificados; mezclada la masa con agua, compactada, moldeada y calcinada en forma integral.

Clasificación

Se reconocerá las siguientes clases:

Según sus dimensiones:

Tipo corriente 24x12x6cm

Tipo bloque 24x14x10cm

Clasificación por consistencia	Peso especifico	Resistencia mínima a compresión Kg/cm²	Resistencia mínima a la flexión Kg/cm²	Absorción de agua (máx. %)	Coeficiente de saturación
Ladrillo tipo duro	1.0 – 1.8	150 – 200	30	20	0.80
Ladrillo tipo medio duro	1.8 – 1.6	100 – 150	20	25	0.90
Ladrillo tipo poroso o poco duro	1.6 – 1.4	70 – 100	10	Sin limite	Sin limite

-Ladrillos calcáreos. Deben ser bloques prismáticos, constituidos por una mezcla de cal, arena y agua, debidamente dosificado, elaborado, prensado, secado y endurecido a vapor, bajo condiciones especiales y con las características siguientes: color blanco grisáceo; ángulos diedros rectos, aristas vivas; caras planas y dimensiones exactas.

-Bloques de concreto. Son elementos fabricados a base de cemento, arena y piedra chanchada moldeados en formas especiales, vibrados o a presión mecánica.

CLASIFICACIÓN "INANTIC" – TABLA I	
Tipo I	Bloques huecos de concreto que se destinan a soportar cargas
Tipo II	Bloques huecos de concreto que solo tienen por finalidad la construcción de tabiques.

CARGA DE ROTURA "INANTIC" – TABLA II					
BLOQUE	CARGA MINIMA A LA ROTURA POR COMPRESIÓN Kg/cm² SECCIÓN BRUTA		ESFUERZOS		
			CORTE	TENSION	TEMPORALES
	PROMEDIO	MÍNIMO POR BLOQUE			
TIPO I	50	50	1/80	1/80	1.5
TIPO II	20	10	1/80	1/80	1.5

DIMENSIONES MODULARES "INANTIC" – TABLA III							
DESIGNACIÓN	DIMENSIONES MODULARES cm			DIMENSIONES DE FABRICACIÓN EN cm			
	ANCHO	ALTO	LARGO	ANCHO	ALTO	LARGO	Largo de Bloques esquineros
	10	20	40	9	19	39	39.5
	15	20	40	14	19	39	39.5
	20	20	40	19	19	39	39.5
	25	20	40	24	19	39	39.5
BLOQUES PARA MUROS Y TABIQUES	30	20	40	29	19	39	39.5
	35	20	40	34	19	39	39.5
	10	20	20	9	19	19	19.5
	15	20	20	14	19	19	19.5
	20	20	20	19	19	19	19.5
	25	20	20	24	19	19	19.5
	30	20	20	29	19	19	19.5
	35	20	20	34	19	19	19.5

-Ladrillo de suelo estabilizado, sin cocer. Son elementos moldeados a presión, usando como material básico el suelo natural, constituido por arena gruesa o fina, limo y arcilla como estabilizador se puede emplear el cemento o cal, consiguiendo una mayor resistencia a la humedad y la erosión.

-Adobe. Bloque macizo hecho con barro sin cocer y eventualmente un componente como paja, etc. También se considera "El adobe estabilizado" al cual se le ha incorporado otros materiales como: asfalto RC – 250, goma de tuna, etc. Con el fin de mejorar sus condiciones de estabilidad frente a la humedad

-Adobón o tapial. Es el elemento que se forma en sitio empleando la misma tierra natural que para el adobe, utilizando formas grandes de madera. El adobón o tapial no ofrece seguridad en caso de fuerte temblor, debido al gran peso de cada bloque y a la pobre unión de un bloque con otro. No debe emplearse el adobón o tapial para albergue permanente de personas.

Albañilería confinada

Albañilería reforzada con confinamientos, que son conjunto de elementos de refuerzo horizontales y verticales, cuya función es la de proveer ductilidad a un muro portante. Un muro confinado es el que está enmarcado por elementos de

refuerzo en sus cuatro lados, por las condiciones indicadas en E6 de la norma E.070 del RNC.

Albañilería armada

Albañilería reforzada con armadura de acero incorporada de tal manera que ambos materiales actúen conjuntamente para resistir los esfuerzos

Albañilería no reforzada

Albañilería sin confinamientos o armadura, tendientes a incrementar su ductilidad, pero que pueden tener elementos de refuerzo con armadura por otros motivos.

Muro portante

Muro diseñado y construido en forma tal que pueda transmitir cargas horizontales y/o verticales de un nivel al nivel inferior y/o a la cimentación.

Determinación de la resistencia de la albañilería y esfuerzos admisibles

Determinación de la Resistencia

La determinación de la resistencia a la compresión de la albañilería (f'm) será efectuada por unos de los métodos siguientes:

Método 1

A partir de la resistencia de prisma de prueba.

Los prismas serán elaborados utilizando el mismo contenido de humedad de las unidades de albañilería, la misma consistencia de mortero, el mismo espesor de juntas y la misma calidad de mano de obra que se empleara en la construcción definitiva. Los especímenes no tendrán menos de 30 cm de altura y tendrán una relación altura/ espesor no menor de 2 ni mayor de 5. El valor de f'm será calculado dividiendo la carga de rotura por compresión del prisma entre el área neta cuando se trate de unidades huecas de albañilería y divida entre el área bruta cuando se trate de unidades solidas de albañilería o unidades huecas donde se llenan los alvéolos con mortero, mortero fluido o concreto se considera como carga de rotura del prisma aquella que ocasione la primera fisura de tracción en la unidad de albañilería. El valor f'm será además corregido multiplicándolo por un coeficiente que depende de la relación altura/espesor del prisma de acuerdo a la tabla siguiente.

Relación altura/espesor	2.0	2.5	3.0	3.5	4.0	4.5	5.0
Coeficiente	0.73	0.80	0.86	0.91	0.95	0.98	1.0

Los prismas serán almacenados a una temperatura no menor de 18°C durante 28 días en la eventualidad que tenga que probarse los prismas a los 7 días se obtendrá el valor de f'm multiplicando la resistencia a los 7 días por 1.1. El número mínimo de especímenes a probarse será 5 y si el coeficiente de variación de las muestras probadas excede

0.10 el valor f'm será obtenido multiplicando el promedio de todos los resultados por un coeficiente:

$$C = 1 - 1.5 \ (V - 0.10)$$

en el que V es el coeficiente de variación.

Método 2

A partir de la Resistencia de Unidades Normalizadas.

En la eventualidad de que no sea posible efectuar ensayos de prismas, se podrán emplear los valores de f'm que se detallan en la siguiente tabla:

VALORES DE f'm		
TIPO DE LA UNIDAD DE ALBAÑILERÍA	MORTERO	
	P1 ó P1-C	P2 ó P2-C
Ladrillo I	15	15
Ladrillo II	25	25
Ladrillo III	35	35
Ladrillo IV	45	40
Ladrillo V	55	45
Bloque I	45	40
Bloque II	25	25

En este caso el fabricante de la unidad de albañilería deberá proveer un certificado de las características de su producto adecuadamente respaldados por los ensayos periódicos que garanticen la conformidad de las características del mismo o alternativamente, el usuario verificará la conformidad de cada lote efectuando los ensayos pertinentes.

Esfuerzos Admisibles

Cálculo de Esfuerzos

a) Para el cálculo de esfuerzos se emplearán las dimensiones reales de la unidad de albañilería definida como las nominales menos las tolerancias dimensionales y el espesor efectivo de la albañilería.

b) En el caso de unidades de albañilería sólida se empleará la sección bruta sin descontar vacíos.

c) En el caso de unidades de albañilería hueca se empleará la sección neta, teniéndose en cuenta como sección resistente aquellas cavidades que se especifican llenas de mortero, mortero fluido o concreto.

Albañilería Confinada

a) Compresión axial (fa).

$$0.20 \text{ f'm } (1-(h/35t)^2).$$

b) Compresión por flexión (Fm).

$$0.40 \text{ f'm.}$$

c) Corte (Vm).

Morteros con cal: 1.8+0.18 fd, pero no más de 3.3 kg/cm^2.

Morteros sin cal: 1.2+0.18 fd, pero no más de 2.7 kg/cm^2.

Donde fd es el esfuerzo de compresión causado por las cargas muertas actuantes sobre el muro en kg/cm^2.

d) Tracción por flexión (Ft).

Mortero con cal: 1.33 kg/cm²

Mortero sin cal: 1.00 kg/cm²

e) Compresión de apoyo (Fca).

Carga en toda el área 0.25 f'm.

Carga en 1/3 del área o menos con distancia de los bordes mayores de 1/4 del espesor   0.375 f'm.

f) Módulo de elasticidad (Em).

500 f'm.

g) Módulo de Rigidez (Ev).

0.4 Em.

Albañilería Armada

a) Compresión axial (Fa).

$0.20 \ f'm(1-(h/35t)^2)$.

b) Compresión por flexión (Fm).

0.40 f'm.

c) Corte (Vm).

Morteros con cal: 1.8+0.18 fd, pero no más de 3.3 kg/cm².

Morteros sin cal: 1.2+0.18 fd, pero no más de 2.7 kg/cm².

Donde fd es el esfuerzo de compresión causado por las cargas muertas actuantes sobre el muro en kg/cm².

d) Compresión de apoyo (Fca).

Carga en toda el área 0.25 f'm.

Carga en 1/3 del área o menos con distancia de los bordes mayores de 1/4 del espesor 0.375 f'm.

e) Acero (fs)

0.5 fy pero no más de 2 100 kg/cm^2.

f) Módulo de elasticidad (Em)

500 f'm.

g) Módulo de Rigidez (Ev)

0.4 Em.

Albañilería no Reforzada

a) Compresión axial (Fa)

0.20 f'm(1-(h/35t)^2).

b) Compresión por flexión (Fm)

0.40 f'm.

c) Corte (Vm)

Morteros con cal: 0.9+0.09 fd, pero no más de 1.6 kg/cm^2.

Morteros sin cal: 0.6+0.09 fd, pero no más de 1.3 kg/cm^2.

Donde fd es el esfuerzo de compresión causado por las cargas muertas actuantes sobre el muro en kg/cm^2.

d) Tracción por flexión (Ft).

Mortero con cal: 1.33 kg/cm^2.

Mortero sin cal: 1.00 kg/cm^2.

e) Compresión de apoyo (Fca).

Carga en toda el área 0.25 f'm.

Carga en 1/3 del área o menos con distancia de los bordes mayores de 1/4 del espesor 0.375 f'm.

f) Módulo de elasticidad (Em).

500 f'm.

g) Módulo de Rigidez (Ev).

0.4 Em.

Descripción del proceso constructivo de albañilería confinada y armada

Previamente al asentado se arrimarán los ladrillos en una zona cercana al muro por levantar, dejando libre el paso del personal y el frente de trabajo. Se empaparán los ladrillos en agua, al pie del sitio donde se levantará el muro y poco antes de su asentado. Se debe usar un escantillón de guía en la colocación de cada hilada. En el escantillón se marcará la distancia entre la cara superior del sobre cimiento o nivel de apoyo del muro y la cota final del muro, dividiéndose en hiladas enteras e iguales que incluyen el alto del ladrillo y la junta. Para el procedimiento de colocación se tendrá en cuenta las siguientes normas:

-Si el muro se levantara sobre el sobre cimiento, se limpiará y mojara la cara superior de este, colocando una capa de mortero a todo lo largo del tramo.

-Si el muro se levanta sobre una losa, previamente se efectuará el trazado, precisando la ubicación de los vanos luego se mojará la zona de colocación y se verterá una capa de mortero a todo lo largo del tramo.

-Se colocará los ladrillos de extremos del muro y costados del vano, teniendo un cordel entre ellos para luego colocar el resto de ladrillos de la primera hilada.

-Se rellenarán las juntas verticales, colocando una segunda capa de mortero.

-Se colocarán los ladrillos de los extremos en la altura que marque el escantillón y aplomándolos con la primera hilada, se tenderá un cordel entre ellos y colocará el resto de ladrillos de la segunda hilada, alternando las juntas verticales para lograr un buen amarre.

-Los ladrillos se asentarán hasta cubrir una altura de muro de 1.00m según el reglamento en ocasiones se llegará hasta la altura 1.50m. para proseguir la elevación del muro se dejará un mínimo de 12 horas.

-Cuando se haya levantado la primera altura de muro, se marcará el nivel 1.00m para mayor precisión y levantar la segunda altura del muro.

Informe de la obra visitada

Identificación de la cuadrilla que ejecuta los muros

Las cuadrillas se encargaron de la construcción de los muros de albañilería del tercer nivel, para lo cual se necesitaron 2 cuadrillas de 3 personas c/u, 2 albañiles y 1 ayudante; a continuación, el registro:

-1era Cuadrilla: Fredy Contreras / Juan Gómez: Albañiles. Enrique Tapia: Ayte.

-2da Cuadrilla: Edgar Contreras: Albañil. Juan Pérez: Ayte.

Equipos y herramientas utilizados en albañilería

Buriles, cinceles, punzones: Sirven para ejecutar demoliciones parciales para agujerar parador espereza y mejorar la adherencia del mortero, para preparar los empotrados para cortar ladrillos y piedras. Cincel de agramilas generalmente son de acero y sus extremos puntiagudos o cortantes.

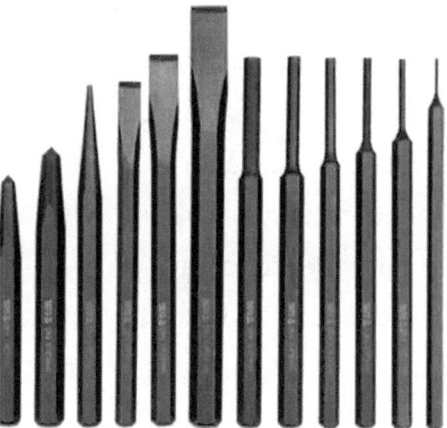

Cordel: Es un hilo de algodón trenzado, tensado entre dos fichas o piquetes de madera o de metal de 20 a 25m de largo, sirve para materializar una línea recta en el suelo o sobre una parte de construcción en curso.

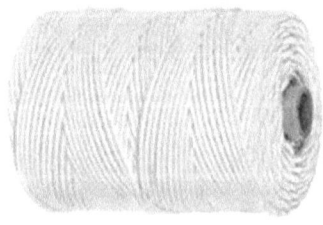

Escuadra del albañil: Esta construida por dos cantoneras de acero (70cm de largo) soldados entre ellas a 90° y unidas por un enderezador.

Nivel de burbuja:

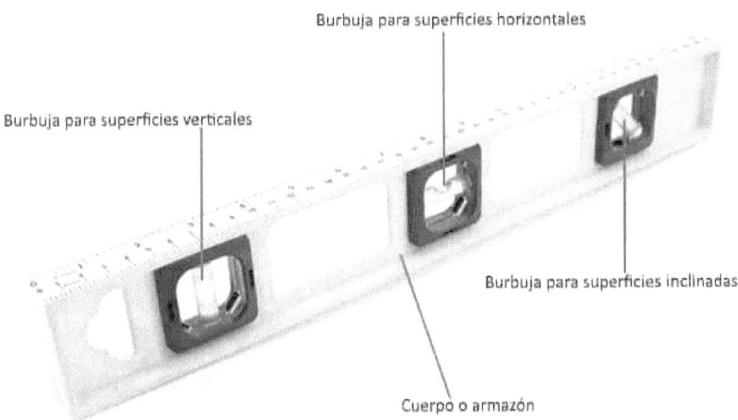

Permite controlar los horizontales, los verticales y los pendientes de 45° gracias a sus tres tubos que contienen generalmente agua coloreada, cuyo defecto voluntario en el relleno de los tubos, produce una burbuja de aire que sirve para señal de equilibrio con relación a dos rayos trazados en rojo en los tubos se escogerá un nivel de metal con un suelo enderezado esta estará siempre limpia.

Plomada: Está compuesta por un cordel de algodón trenzado de 4m de largo aproximadamente terminado por un plomo de forma troncocónica y lleva superpuesta una plaquita de hierro colocada: el lado del cuadrado es igual al diámetro más grande del plomo que pesa aproximadamente 300g con el nivel de burbuja es la herramienta principal del albañil.

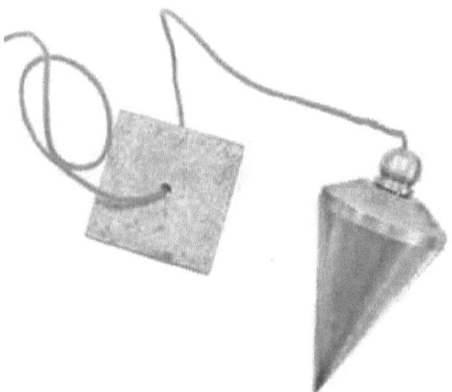

Fija de hierro: Mide aproximadamente 20 mm de diámetro y 1 m de largo; se clava en el suelo y permite mantener de manera estable durante toda la duración de los trabajos un cordel de alineación.

Cubo: Preferentemente de caucho entelado, sirve para dosificar y transportar los diferentes elementos de los morteros y concreto, contenido 15lts aproximadamente.

La pila (pilón): De caucho entelado o de plástico, sirve para almacenar las mezclas preparadas con pequeñas cantidades 10 a 40 lts. según modelos, podrán igualmente amasar el yeso en él.

Pala: Es un instrumento o herramienta de mano compuesta de una placa metálica y un cabo de madera, la placa puede terminar recta y en este caso sirve para cavar zanjas, para hacer revolturas, morteros y mezclas, emparejar superficies, etc.

O puede terminar redondeada y en punta sirviendo entonces principalmente para excavar.

Puede tener cabo recto y largo o más corto y terminando en un mango para ahí tomar la pala con la mano y con la otra el cabo.

Pico: Es una herramienta consistente en un cabo o mango de madera con una pieza larga de fierro en su extremo. Esta pieza puede terminar en dos puntas o en una punta, en un extremo y un corte angosto en el otro.

Marro o mazo: Se conoce como un marro a una masa de fierro provista de un mango. Se les denomina según el peso de la masa de hierro y los hay de muchos tamaños, los más pequeños tienen el mango corto y se usan con una mano para clavar estacas o bien los albañiles lo emplean para rastrear piedras toscamente.

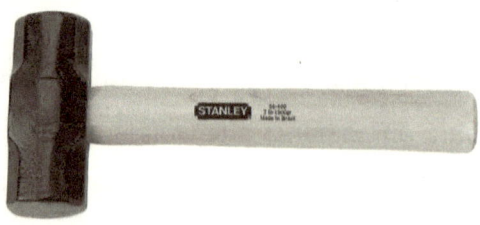

Cuña: Barra de acero cilíndrica corte de 30 a 40cm. De largo y de 38 a 51mm. De diámetro terminada en punta o como cincel que se usa para romper piedras colocándola en las gritas y golpeando con un marro.

Paletas: En principio las llanas dibujadas al lado son suficientes para trabajar cómodamente. A estas la mayor parte de sus trabajos. Se les llama también "llanas" para alisar las juntas.

Cuchara de albañil o triangulo: Se conoce como cuchara de albañil o triángulo a una hoja de acero de forma triangular con un mango de madera que se utiliza de manera similar al badilejo, o sea para aplicar la mezcla en las superficies más pequeñas y para trabajar detalles.

Plana: Rectángulo de madera de unos 30cm de lado largo por unos 15cm de ancho y de dos a tres de gruesos que sirve para hacer acabados ásperos en aplanados y recubrimientos.

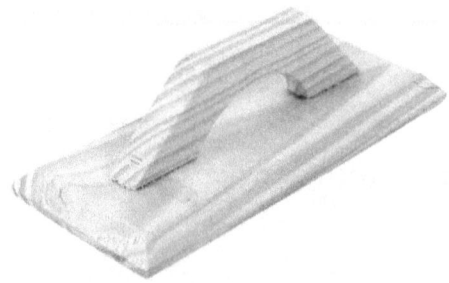

Llana: Placa de acero rectangular de unos 25cm de largo por 15cm de ancho. Consiste de un mango que sirve para hacer acabados finos.

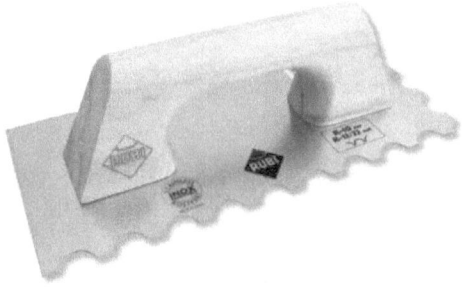

Pisón de mano: Se utiliza para que un hombre compacte materiales que pueden ser de terracerías plantillas, fondos de zanjas, relleno de zanjas, acostillado de tubos, etc. consiste en una masa pesada provista de una barra en posición vertical.

Carretilla de mano: En esencia puede decirse que es un carrito de mano con una rueda adelante sostenido en un eje apoyado a su vez en dos largueros de los cuales se empuja y con una caja metálica gruesa para transportar materiales de construcción de todas clases o de tercería, trabajo sobre el principio de la palanca.

Escantillón: Regla de madera que se usa para alinear los ladrillos con y conseguir que las juntas sean uniformes y se consigan distancias requerida.

Identificación de los recursos materiales empleados para la construcción de los muros

Para la construcción de los muros se tuvo un gasto de: (aproximado).

TIPO DE TRABAJADOR	SALARIO SEMANAL
Operario u Oficial	S/ 320
Ayudante, Peón volante	S/266

Además, para cada cuadrilla de trabajadores usó 370 ladrillos diarios en su trabajo y se trabajó durante el periodo de una semana y media. La relación para la preparación del mortero fue de 1:6.

Aseguramiento de la calidad

Según lo que observamos se cumplió las mínimas especificaciones para la construcción de muros:

-Se terminó con la construcción de los muros en el tiempo especificado por el planeamiento realizado con anterioridad (duración 1 1/2 semana).

-El mortero usado fue de 1:6 lo cual está dentro de lo aceptable para muros de tabiquería y parapetos.

-En la construcción de los muros se pudo observar que se usó escantillón y andamios para el transporte de los equipos hasta el tercer nivel de la edificación.

-Los obreros usaban cascos en su mayor parte, este equipo era necesario pues paralelamente al trabajo se picaban algunas columnas para su reforzamiento y podrían correr algún peligro.

Determinación de la Productividad en la construcción de los muros

Se muestra a continuación un cuadro con las principales características de la obra en lo que refiere al aspecto productivo:

HORA		TIEMPO de TRABAJO	EVENTO SUSCITADO	OBSERVACIONES
Inicio	Culminación			
7:30 am	5:00 pm	8 1/2 horas	Construcción convencional de muros	De lunes a viernes
7:30 am	1:00 pm	5 1/2 horas	Construcción convencional de muros	Los días sábado

El trabajo diario contaba con 1 hora para que los trabajadores almuercen en el comedor vecino a la obra.

Según lo observado se usaron 370 ladrillos por cuadrilla para un día.

Cantidad Producida: Aproximadamente 16m² de muro.

Conclusiones y recomendaciones

Se concluyó la construcción de los muros del tercer nivel en el tiempo establecido de 1 1/2 semana, lo cual fue favorable pues se pudo continuar inmediatamente con las obras posteriores y no retrasar el trabajo. En esta tarea favoreció el uso de equipos para el transporte de materiales hasta el tercer nivel de la edificación, también los andamios que se hicieron de uso indispensable para la construcción de muros circundantes. Los muros construidos fueron en gran parte de tabiquería para la división de ambientes, cabe señalar que los muros circundantes fueron levantados con amarre de cabeza y el resto de muros con amarre de soga. Además, los muros tenían un refuerzo con alambre de 8 para su confinamiento en los pórticos, a excepción de los parapetos que fueron de construcción simple. Se observó que los muros de tabiquería en algunos casos y siguiendo las especificaciones del plano eran reforzados con muros transversales de arriostre, lo que hacía mejorar su resistencia frente a cargas perpendiculares. En la preparación del mortero se usó la relación 1:6, lo cual se encuentra dentro de lo especificado si consideramos que las juntas son de 1cm aproximadamente. Se pudo mejorar el mortero si se hubiese usado una relación de 1:5 pero el trabajo actual es aceptable. Se tuvo en la conformación de las cuadrillas un elemento auxiliar al que se le llama "peón volante", quien se encargaba de la distribución de ladrillos a los albañiles que solo debían colocarlos.

Uso de la Cal

Se define como cal a todo producto aspecto físico que proceda de la calcinación de piedras calizas. Los datos más antiguos sobre el uso de la cal, proceden de las excavaciones realizadas en Çatal Hüyüt (ciudad turca), utilizándose en paredes y suelos. También lo utilizaron los egipcios y griegos, los que les dieron gran desarrollo fueron los romanos, mejoraron los procesos de fabricación, seleccionando las materias primas con gran cuidado. La cal romana se caracterizaba por su buena preparación, perfecto cocido de las calizas, buen apagado, homogeneidad de las clasificaciones y cuidadosa ejecución. La cal grasa apagada, cuyo origen se remonta a la noche de los tiempos, es por su naturaleza y versatilidad uno de los materiales más nobles que ha empleado la arquitectura histórica. El amplísimo abanico de su aplicación abarca toda la historia de la gran pintura al fresco, medio-oriental, griega, romana, medieval, renacentista y barroca, pasando por su intervención casi única como aglomerante de fábricas, con sus máximos ejemplos en la arquitectura concrecionada romana. En cuanto a revestimiento, siempre se empleó en revocos, esgrafiados, y en ese arte sutil de los estucos a fuego imitando mármoles y decoraciones que cubren el interior de la arquitectura histórica. El ciclo de la cal comienza con el cocido de una caliza para obtener cal viva; tras su apagado, se llega a la cal grasa o cal en pella, a la

que se añadirán los áridos elegidos que la doten del color y textura elegidos. Tras su lento fraguado retornará a su original estado de carbonato cálcico, pero ya con una manipulación empleada por la técnica del hombre. Su desaparición es reciente, sustituida por el cemento "Portland". Fue olvidada en la docencia de las generaciones posteriores a la guerra civil y casi en los pliegos de condiciones técnicas que se han sucedido últimamente; esto, unido a la sustitución y desaparición del viejo maestro de obras por el técnico y sus normativas y la productividad por el buen hacer, etc. La bondad de la cal grasa apagada, sus resultados, la experiencia milenaria, su versatilidad, el no producir sales nocivas, su elasticidad, que evita retracciones, el no usarse con ella más aditivos que los áridos necesarios en el diseño de su ulterior textura y pigmentación, y que harán innecesario el uso de pinturas de acabado, y sobre todas sus propiedades, está el hecho de haber sido el único cementante empleado por el hombre en esa expresión de la cultura que es el arte de construir.

Materiales básicos de los morteros

El agua

El agua para amasar morteros puede ser cualquiera de las que produce la naturaleza, siempre que no estén sucias ni contengan sales. Serán las consideradas potables. La de río es preferible a la de fuentes y pozos; no deben ser minerales ni selenitosas, pues retardan o impiden el fraguado. Estas aguas, de no haber otras, se exponían al aire algún tiempo y se filtraban para disminuir su dureza. Las de río serán comprobadas de no tener disueltos ácidos o grasas procedentes de fábricas o detergentes vertidos. El agua del mar produce eflorescencias, disminuye el entumecimiento de la cal, pero no tiene otra influencia sobre la solidez de los morteros que incluso pueden tomar una consistencia igual o mayor que con el agua dulce. Las aguas muy puras como las de lluvia, no son convenientes, pues dan reacciones ácidas. Las altas temperaturas del agua aceleran el fraguado del mortero. Por dicha razón, en épocas frías se preparan los morteros con agua caliente. De todas formas, en épocas heladas se suspenderán las obras. Con temperaturas superiores a treinta grados centígrados se acelera el fraguado y se retrasa cuando son inferiores a siete grados centígrados.

Arena

Según define Juan de Villanueva: "La arena, para mezclarla con la cal, debe ser limpia, suelta y nada terrosa. Se conoce su bondad cuando, tomándola en la mano y estregándola, cruje, dejando después la mano limpia, sin polvo ni tierra pegada. La mejor se saca de minas; la de ríos también es buena si con la frotación no ha perdido los ángulos y tomado figura redonda, y la de mar puede usarse con ciertas precauciones cuando no la hay de mina o de río. El principal cuidado que se ha de tener en que no sea terrosa, pues si lo fuere la mezcla que con ella se haga nunca tendrá consistencia bastante para resistir la humedad. Donde no hay buena arena se puede suplir con arcilla requemada y molida. El ladrillo o teja molida, los escombros de los tejares, las escorias y aún el carbón causan excelentes efectos mezclados con la cal en algunos géneros de obra y particularmente en las de agua.

La cal

Es un producto blanco, sólido, con un elevado punto de fusión. Tiene avidez por el agua que, tras reacción exotérmica, se transforma en hidróxido cálcico. Según Arreondo, se llama cal a todo producto sea cual fuere su composición y aspecto físico, que proceda de la calcinación de piedras calizas. Después del proceso de calcinación hay que proceder a la extinción o apagado del anhídrido, con lo cual se obtiene un material hidratado en forma pulverulenta o pastosa, según la cantidad de agua añadida.

Yeso

Según Juan de Villanueva: "Llamamos yeso al polvo que resulta de la calcinación de una especie de piedra a quien se da el mismo nombre. La piedra yeso está cristalizada en diferentes figuras y es muy diversa una de otra en cuanto a la figura y aspecto interior y exterior; pero en cuanto a sus propiedades toda es una, con la diferencia de ser más o menos limpia y más o menos fuerte. Es uno de los materiales más útiles y el más cómodo que se conoce para la construcción de aquellas partes de los edificios que han de estar en seco, pues luego que calcinada moderadamente y molida se hace masa en polvo, mezclándose con agua se forma una masa que, gastada con prontitud, dándole la figura que se quiere, toma cuerpo y se endurece sin dilación."

Pigmentos

Finas partículas sólidas usadas en la preparación de pinturas.

Aditivos

La investigación histórica actual descubre la alta gama de materiales utilizados. La goma arábiga de Tragacanto, colas de animales de Rodas, sangre de hipopótamo, leche de higuera mezclada con yema de huevo y otros productos sirvieron a los antiguos de adhesivos y aglutinantes. La albumina de huevo, queratinas y caseínas eran polímeros orgánicos comúnmente usados por los egipcios como aglutinantes. En la época de Vitruvio se emplea ya la leche de higuera, la pasta de centeno, la manteca de cerdo, la leche cuajada, la sangre y la clara de huevo. En el s. IX se empleó sangre en los morteros de la catedral de Rochester y en el s. XVI se utilizó orina en los de la catedral de Rúen. En algunas zonas andaluzas se guardaban pelos de las barberías para ser usados en morteros y calados. El debate está en cómo reemplazar los viejos morteros con aditivos orgánicos por otros similares, con técnicas más avanzadas, utilizando compuestos sintéticos o mezcla de materias sintéticas y orgánicas.

Etapas culturales de la cal
Neolítico
Pocos datos y confusos se tienen de la utilización de la cal grasa y sus derivados en época neolítica. Los más antiguos y conocidos son los de esa antiquísima y misteriosa cultura de Anatolia en la actual Turquía, en Catal Hüyük (6000 a. J.C.), donde James Mellaart, en su clásica obra "Earl est Civilizations of the Near East" describe que cada una de las viviendas de la ciudad estaba provista de dos niveles; el más bajo de los dos estaba dotado de pilares de madera recubiertos con una mezcla de cal pintada de rojo y de igual manera se trababa el piso. Las paredes se cubren con bellísimos dibujos esquemáticos de animales, incluso está la representación de una ciudad con un volcán al fondo. La cultura de Jericó, junto a Catal Hüyük, son dos de las más antiguas culturas urbanas neolíticas; también se encuentra en ella la presencia de la utilización de la cal en cisternas aparecidas. Edward Bacon cita suelos de morteros de cal en casas excavadas por arqueólogos rusos en Djeitun (Turkmenistán), al oeste del mar Caspio, pertenecientes a culturas del tercer y cuarto milenio (a. J.C.). En Mesopotamia apareció un horno de cal del 2500 a. J.C. En

esa área son constantes los descubrimientos de ejemplos de su utilización, como el palacio asirio de Til Barsib (Tel-Ahmar), del siglo XVIII a. J.C., con el bellísimo fresco que desarrolla una audiencia del rey Figlatpileser III con un friso de escribas, sirvientes y prisioneros. Las pinturas murales de Mari (siglo-XVIII a. J.C.), en Louvre, fueron pintadas sobre capa de yeso al temple. La ciudad caldea Ur, patria de Abraham, revoca con cal sus paredes (C.L. Woolley). En Europa se han observado en las cerámicas incisas de épocas del campaniforme español (2000 a 1500 a. J.C.), o las de La Têne (unos 450 a. J. C.), o las de Auvernier, que la materia blanca y pura que rellenaba las incisiones eran a veces de cal mezclada con otros elementos. La cultura maya, que floreció entre los años 300-900 de nuestra era, utilizó la cal en los centros ceremoniales como Copan, Palenque, Chichéntzá, etc., estucando y tiñendo sus decoraciones esculpidas. Sus sucesores, los toltecas, la utilizan en Tula, así como los aztecas. En relación con los cuatro dioses Bacabs que sostenían el cielo, las cosmogonías mayas en Teotihuacán crearon un cromatismo de orientación geográfica. El levante era rojo, blanco al norte, negro al oeste y amarillo el sur. El verde era la vida y se reservaba para el centro de la observación.

Morteros egipcios y griegos. India

Los egipcios fueron los primeros en utilizar la escayola (sulfato de calcio semihidratado obtenido por cocción del

yeso a 120ºC) para unir bloques de la pirámide de Keops y cubrir su superficie con un estuco rojo, según se ha determinado recientemente; es del 2600 a. J.C. Los egipcios cubrían con una ligera capa de estuco sus edificaciones y para rejuntar sillares empleaban la escayola descrita; igualmente la empleaban para decorar sarcófagos, aplicando policromías y tinta de oro obtenida de la pulverización de chapas previamente laminadas y mezcladas con sal gruesa que luego machacaban. Tras esta operación en seco se diluía la mezcla en agua, decantándose el polvo de oro que luego, desleído en lacas, se aplicaba con pinceles. Las tumbas pintadas al fresco en Tebas del siglo XV a. J.C., en la época de Tutmosis III, que recorrió en brillantes campañas Siria y Palestina, y de Amenhotep II, contienen, entre otros motivos, profusas procesiones con extranjeros portadores de ofrendas, sirios, libios, hititas y con frecuencia, los keftiu o minoicos, identificados por sus atuendos y las cerámicas que portan. Las paredes que iban a ser decoradas eran dadas primero con un enlucido de yeso con cal. En el Fayum había yacimientos de yeso. Pueden haber existido mutuas influencias entre estos fresquistas egipcios y los autores de las bellísimas minoicas contemporáneas. Los frescos minoicos que aparecen en las habitaciones de sus palacios, plenos de un deslumbrante colorido, con armoniosas representaciones figuradas y complicados diseños geométricos en sus cenefas, conteniendo temas de mujeres en procesión, escenas de caza y animales marinos, constituyen lo mejor de su arte. Se ven en el megarón de Pylos y en el resto de las poblaciones-palacio de siglos XIV y XV de Micenas, Tirinto o Tebas, y en el sarcófago de Haghia Triada. Muchos muros de estos palacios estaban formados con un armado de maderas con riostras diagonales y completadas con mampuestos. Su flexibilidad las dotaba de buenas condiciones antisísmicas. Estaban acabados coloreados, imitando a veces fábricas de sillería. Robertson cita que el hormigón de cal se usó como pavimento en los templos prehistóricos y primitivos. El palacio de Cnosos así los tuvo. Los frescos griegos más antiguos, según la arqueología clásica, son los de la casa de Cadmo en Tebas y algunos fragmentos del palacio de Tirinto, posteriores a 1400 a, J.C. y aproximadamente coincidentes con la caída de Cnosos. En la edad micénica se usó la dura piedra caliza de Argos en las arquitecturas clásicas, una variedad distinta de piedra procedente del oeste y este del Peloponeso. Atenas usó el mármol del monte Pentélico, que posee una granulación muy fina y compacta y una gran blancura. Estas calizas, muy apropiadas para ello, eran enlucidas con finos estucos coloreados, pues la arquitectura griega fue siempre polícroma. Se han encontrado restos de policromía también en Sicilia y Paestum. Se utilizaban como recurso de afinado para ciertos materiales pétreos, pero como técnica propia de construcción de muros comienza a ser utilizados a finales del segundo milenio, como se observa en casas de Delos y Thera, donde existen auténticos revocos imitando rejuntados de sillares y otra serie de elementos arquitectónicos. En Thera se introdujo a la mezcla cal-arena el polvo volcánico de la "tierra de Santorin", explotada en la isla. Se obtenían así morteros estables al agua y cuyas propiedades tienen una cierta analogía con los morteros modernos a base de aglomerantes hidráulicos. Esta forma de actuar era conocida fuera de la isla, ya que se ha encontrado "tierra de Santorin" en estatuas que adornaban el "Hephaisteion" de Atenas. A falta de roca volcánica se utilizaba reja o ladrillo picado, así como un tinte de color rosa en ciertos revestimientos interiores. El primer empleo conocido de la tejoleta se remonta a la época de la construcción de los aljibes de Jerusalén (bajo el mandato de Salomón, siglo X a. J.C.). Esta costumbre parece haber sido introducida por obreros fenicios que conocían empíricamente las propiedades de los materiales llamados actualmente puzolanas artificiales. Recordemos que fueron arquitectos fenicios quienes construyeron el templo de este rey. La forma básica de las pinturas murales indias se caracteriza por varias capas. El arriccio -la capa más gruesa- estaba normalmente mezclada con base de arcilla con paja u otras fibras vegetales o pelo animal. Los textos mencionan varias mezclas de tierras, arena, polvo de ladrillo o de conchas y cal. Su principal función era para nivelar la superficie de la pared. El intonaco o capa superficial era fina y suave receptora de las pinturas compuestas de caolín, yeso y cal o estratos de estos materiales. Todos los textos mencionan la adición de adhesivos: gomas, resinas, ceras, melazas, azúcar, varios jugos de plantas, aceites o colas de piel de vaca. Los últimos textos conceden mayor importancia al pulido de superficies destinadas a recibir la pintura. Aunque la cal se describe ocasionalmente, los textos nunca mencionan la técnica al fresco, sino siempre pintura a la témpera con una preparación seca. En cambio, en Rajasthan existe una forma particular de pintura al fresco que ha sobrevivido, con un arriccio compuesto de 1 de cal y 2 de arena con polvo de cal o mármol y añadiendo melazas, pelos animales, yute o fibra de lino o cortezas de arroz. Se aplicaban sobre la pared húmeda con una talocha para penetrar en los poros y fisuras de la pared hasta consolidarla. Luego se aplicaba un nuevo estrato hasta conseguir un grueso de 1 a 3 cm. Entonces la superficie se dejaba secar. El plano receptor o intonaco se preparaba con cal a la que se añadía caseína o leche ácida, en proporción de 1 de caseína a 75 partes de cal; la mezcla se guarda bajo agua durante un día, luego se presiona en un 1 colador fino, después se le añade agua. Este procedimiento se repite hasta obtener una mezcla perfecta y la cal, que no debe dejarse secar, se convierte en más pura y blanca. Esta mezcla se prepara batiendo la cal. El soporte se hace con la cal muy fina y se aplica sobre la superficie bien pulida con una piedra; se hacen 2 ó 3 estratos, cada uno seguido de un pulido; el último estrato se pule con ágata. El dibujo está generalmente hecho sobre la superficie y se pinta sobre la última capa con goma o pegamento. Los tonos básicos se aplican con pincel o con una pequeña llana de madera o talocha. Cuando la pintura se ha dado, la superficie se trata con la llana de madera; entonces, con un trapo se lava con leche de coco o con agua de coco. Finalmente, la pintura se pule con ágata y se deja secar lentamente. Esta se llama "fresco lustro", por la brillantez del pulido que se obtiene en las pinturas. La ruta de la seda fue el ancestral camino de encuentro de Oriente y Occidente. El desarrollo de las técnicas artísticas en el creciente fértil, fue importante. Ya la Biblia, en el libro de Enoc, relata que el arcángel Azael enseñó al pueblo de Israel a pulir la piedra y pintar las casas. En los estudios sobre la ruta de la seda consta que el lacado sobre madera lo toman los chinos de Mesopotamia.

Los morteros romanos

La civilización romana mejoró los procesos de fabricación de la cal y las técnicas de la puesta en práctica de los morteros y supo explotar todas las posibilidades de este material y además popularizaron y expandieron esta técnica por todo el imperio. Una de las más antiguas menciones del Opus caementicum encontrada la cita Catón (s. II a. J.C.), que describe la construcción ex calce et caementis. La fecha exacta de introducción del mortero de cal en Roma no se conoce, pero se sabe que esta técnica fue utilizada en los dos últimos siglos de la república (s. II y I a. J.C.), en que se desarrolla y generaliza rápidamente, supliendo los sistemas utilizados anteriormente, tales como el Opus Quadratum (gruesos bloques ajustados sin mortero) y el Opus Latericium y el Later crudus o ladrillos secos. Vitruvio es la fuente más completa para el estudio de los elementos constitutivos del mortero de cal (s. I a. J.C.). Por él sabemos que la mezcla de los materiales se hacía en la proporción de una unidad de cal por tres de arena o dos por cinco, según la calidad de la arena. Menciona también el empleo de aditivos ya utilizado por los griegos, tales como cenizas volcánicas o la teja picada. En efecto, los romanos han practicado a gran escala el añadir a la cal arcilla cocida y sobre todo puzolana (roca volcánica que procede de los yacimientos descubiertos en Pozzueli o Puzzoli, cerca de Nápoles), que confiere al mortero propiedades hidráulicas. Otra característica de la composición es la excepcional calidad del mortero romano, en el cual se tiene mucho cuidado al mezclar sus elementos constitutivos. Este mortero se ha utilizado masivamente para cubrir las mamposterías de las paredes. También lo vierten entre dos muros paralelos, que hace de encofrado perdido. Toda esta masa era aplastada con mazas para rellenar totalmente todos los intersticios, hasta eliminar la última burbuja de aire. La excepcional calidad de los morteros romanos ha pasado a la leyenda; se suponía que era debido a secretos de fabricación y al uso de aditivos. La utilización de aditivos

especiales, como albúmina, caseínas y aceites en otros casos han sido siempre comentados en las leyendas esotéricas de la cal romana, pero la realidad es que su buena elaboración, el perfecto cocido de las calizas, su buen apagado, la homogeneidad de las dosificaciones y la cuidadosa ejecución ha sido el secreto fundamental de su realización y lo que ha permitido que conozcamos su legado tras los dos mil años que nos separan. Tras la desmembración del Imperio se pierde esta unidad formal de calidad, quizá aportada por las disciplinadas Legiones que transmitían a lo largo del Imperio, como una rígida ordenanza, lo que hoy llamaríamos normativa, todo el buen hacer del proceso. Un capítulo importante en el uso de estucos en la antigüedad se desarrolla en el mundo romano, donde unas de las muestras más significativas se encontraron en Pompeya y Herculano. Es un arte derivado directamente del helenístico, como se comprobó en las excavaciones de Delos y Priene. Las casas de la antigüedad, construidas en general por débiles muros, sus terminaciones eran generalmente revestidas de cal tanto el exterior como el interior. Vitruvio ya recomendaba superponer tres capas de mortero y otras tres de estuco de mármol. El grueso del estuco variaba de 5 a 8 cm. Estos estucos eran decorados con pintura al fresco, esto es, aplicar pigmentos diluidos en agua de cal sobre la capa de mortero de cal aún sin fraguar, distribuyendo la obra en tajos o tareas en que el pintor era capaz de decorar antes del fraguado. En algunos aún se observa la huella del pincel por estar el mortero aún demasiado plástico. Algunas veces se retocaba en seco sobre el paramento ya fraguado, con témperas. En el mundo pompeyano se han sucedido cuatro estilos, hasta la gran catástrofe. El primer estilo, derivado del mundo helenístico, se desarrolla entre el siglo II y primera mitad del I (a. J.C.). Aparece primero en Delos, Priene, Pérgamo, Thera, tumbas de Alejandría, sur de Rusia y finalmente en Pompeya. En este estilo domina una transcripción de la sillería isódoma de templos griegos. En la superficie blanca de la cal con arena de mármol se dibujan por incisión los sillares. El interior se colorea al fresco, con zócalos negruzcos, dominando mucho el color rojo. En un posterior grado de evolución se significan los refundidos del borde de los sillares diferenciándolos de tono. Esta variante evolucionada es la primera que aparece en Pompeya y se la denomina estilo de incrustación. Se empleó en fachadas, patios y corredores abiertos. En Delos aparece este estilo sobre un zócalo amarillo, sobre el que aparecen fajas negras orladas en blanco. Sigue un friso pintado de amorcillos entre cenefas trenzadas. Sobre éste se superponen los sillares, imitando almohadillados, como las construcciones de piedra helenística. El segundo estilo, donde se desarrolla ya la gran pintura mural decorativa, comienza en torno al año 80 a. J.C. La parte basamental del muro aún se trata con el primer estilo, al que se superponen sillares imitando vetas marmóreas alternando con fajas

decoradas con meandros y fileteadas a continuación sobre fondos claros; se desarrollan arquitecturas pintadas con techos en perspectivas, como rompiendo el muro, que juegan con efectos de luz y sombra. Estos efectos de perspectiva salen o penetran del muro con efecto de trompe d'oeil; en los paños libres se introducen estatuas figuradas, paisajes o elementos decorativos; las arquitecturas se coronan con copas o figuras aladas o guirnaldas. El tercer estilo se desarrolla en época de Augusto. Esto es en las decenas anterior y posterior a. J.C.; aún se conserva la disposición basamental del segundo, pero la pared es más compartimentada y rica en ornamentos que, aparte de los figurados, destacan hilos tirantes con flores y hojas, pequeñas espirales, guirnaldas continuadas, todo ello completando profusas arquitecturas con perspectivas profundas. Ya se encuentran elementos egipcios, en poder romano desde la batalla de Actium (31 a. J.C.), como lotos y otros elementos importados, con cuidadosos dibujos y simetrías, con proporciones equilibradas y una discreta elección de colores caracterizan este estilo de la época augústea. Su contemporáneo Vitruvio hace una feroz crítica de estas innovaciones estilísticas. Él fue un realista a ultranza y debió conocer el nacimiento del cuarto estilo, que tomará gran auge en la época de Nerón (50 d. J.C.), mucho más barroco, con colores muy vivos y énfasis efectista en sus perspectivas fantásticas, esbelteces inverosímiles de las columnas, gran superposición de elementos que, unido

al uso de todos los colores posibles, crean unos efectos enervantes, contrastando con la mayor serenidad de la época de Augusto, tan del gusto de Vitruvio. En el año 79 de nuestra era fueron destruidas Pompeya y Herculano. Los estucos son los revocos de más calidad en los acabados de fábricas, sean de yeso, cal o mezcla de ambos. Vitruvio exigía tres capas de estuco de cal, dando a cada capa sucesiva una carga de polvo de mármol cada vez más fina. España tiene una gran tradición en yesos y gran abundancia de ellos en su mitad oriental. Tuvo una fuerte tradición mudéjar y de yesaires, lo que explica el gran uso de ellos, incluso como aglomerante de fábricas, como se ve en el área aragonesa donde sus impurezas arcillosas (lo contrario de la cal) sirvieron como su propio impermeabilizante, observándose muros medievales trabados con yeso en perfecto estado. Se usó mucho el espejuelo para trabajos refinados, que es el que mejor imita marmoraciones y jaspeados. Vitruvio también lo recomienda en exteriores, siempre que se le dé dos o más capas de aceite de oliva extendidas con la mano. También se recomendaba grasa de cerdo rancia.

Bizancio

Los constructores bizantinos del siglo III al XIII creaban gruesas llagas de mortero de cal en la construcción de fábricas y bóvedas y están en excelente estado, a pesar de su endurecimiento imperfecto a veces. Utilizaban en la mezcla, además de arena, ladrillo troceado de un centímetro de diámetro aproximado, además de polvo de ladrillo. Este mortero tenía un aspecto rugoso y poco trabado, pero las hiladas estaban perfectamente ordenadas y horizontales. El mortero se aplicaba minuciosamente en capas de tres a cuatro centímetros de espesor. Los asientos por el peso de la fábrica estaban previstos, pero eran prácticamente eliminados, pues añadían a su vez piedra troceada de tres centímetros de diámetro, casi del tamaño de la llaga, las cuales repartían la presión eliminando asientos que se producirían antes del fraguado. Pero esto no los protegía bien de la erosión por el viento y la lluvia.

Morteros medievales

A pesar de que los morteros medievales no se conocen bien, parece que no hay ningún progreso técnico destacable en este período. Después de la caída del impero romano es difícil mantener una vista de conjunto de la evolución, ya que a continuación de las grandes invasiones cada país, cada región, ha seguido su propio camino. Los morteros varían mucho de un sitio a otro y de época en época, incluso entre los edificios contemporáneos. Son frecuentemente de mediocre calidad, poco homogéneos y construidos sin la base característica de las construcciones romanas; en el interior, en las paredes hay frecuentemente cavidades.

Evolución: Violet-Le-Duc ha intentado establecer una clasificación cronológica sumaria. Es una primera aproximación, pero ofrece puntos que pueden ser de gran utilidad. Para los siglos IX, X y XI, Violet Le-Duc encuentra morteros de calidad muy mediocre, a pesar de la presencia de la tejoleta (hay que indicar que la tejoleta puede tener funciones muy distintas). Por su naturaleza porosa, los pequeños fragmentos de tierra cocida convierten a los morteros en más permeables al aire y permiten así una mejor carbonatación de la cal. Por otro lado, algunas arcillas cocidas pueden tener semejanza a las puzolanas. La reactividad es a menudo pequeña o nula, ya que de ella depende la naturaleza de la arcilla y la temperatura de cocción. Los mejores resultados se obtienen a temperaturas por debajo de la temperatura de cocción de las tejas y los ladrillos. Por consiguiente, la adición de tejoleta no mejora mucho la calidad de un mortero. Violet-Le-Duc atribuye la baja calidad a la pérdida de los procedimientos romanos de la fabricación de la cal, pues subestima la importancia de una cuidada puesta en práctica del mortero; pero a partir del siglo XII las mezclas son más homogéneas y la calidad de los aglomerantes mejora de nuevo. A menudo los morteros de cascotes son mezclados con arena gruesa y cal, mezclada con carbón de madera (como hay una gran cantidad de carbón, no se considera impureza, sino un elemento que, como es poroso, hace el mismo papel que los trozos de tierra cocida). Para las techadas y las uniones, los albañiles utilizaban arena fina y cal muy blanca. Al comienzo del siglo XII, por motivos

económicos, se les pusieron restricciones a los constructores: en sus contratos figuraba utilizar un poco de cal y arena mezclada con tierra. Así, los morteros de las catedrales de Laon, Troyes, Chalons-Sur-Marne, son de muy poca calidad. Por contra, en los siglos XIV y XV, las arenas gruesas apenas se empleaban y sí arenas del litoral, que parecía como si las hubieran lavado para quitarles la arcilla y la tierra. Naturalmente, los morteros eran de mucha mejor calidad. En Alemania, algunas investigaciones han permitido establecer que no tienen fundamento ciertas creencias que existían respecto a las proteínas animales que habían sido incorporadas a los morteros medievales. El añadir sustancias tales como huevos, leche, caseína o sangre no está atestiguado por la literatura histórica; por otro lado, estos investigadores han examinado muestras de morteros del siglo XI al XVII y nunca han podido establecer la presencia de materias orgánicas; sin embargo, sí se ha visto que habían echado escayola o tejoleta, con lo cual quedó probada la adición de los aditivos clásicos. A. Naef, arqueólogo natural de Vaud (Suiza), ha revelado que los albañiles de otro tiempo han utilizado en esa región un aglomerante a base de escayola. En Chillón, su uso se remonta a mediados del siglo XII, no solamente para revestimientos, sino también para guarniciones de vanos. Se trata de un hormigón fluido, mezclado con trozos de toba y piedras de distintos tamaños, muy pequeñas para los suelos, más gruesas para los soportes, pero siempre

cubiertas por la masa. Según A. Naef, este sistema de construcción puede ser una reminiscencia de los romanos. En los siglos XIII y XIV, la escayola utilizada en Chillón proviene de los yacimientos de Villeneuve. En Valais es donde se conservan hasta la época moderna: hay todavía ejemplos numerosos. Baste citar la galería de Nuestra Señora de Valere, en Sión. Es a final de la Edad Media cuando empieza a generalizarse la construcción con piedra en Francia. Por razones económicas, así como por tradición, este modo de construir estuvo reservado durante siglos a los edificios religiosos y militares. La población construía sus casas esencialmente con materias inflamables; estas aglomeraciones eran frecuentemente devastadas por incendios catastróficos. Es para luchar contra este peligro por lo que al final del siglo XIV las autoridades promulgaron numerosas ordenanzas para imponer la construcción a base de piedras. Es evidente que hace falta tiempo para realizar un cambio tan profundo en las costumbres de los constructores. Es en el siglo XVII, en Lausanne cuando se generaliza este método.

Arte islámico

La España musulmana en época califal utilizó los atauriques labrados en piedra como decoración parietal en Medina Azhara. En el mundo nazarí toman gran auge las yeserías o estuco "andalusí" con morteros de cal, yeso y polvo de mármol. El yeso retarda el fraguado para dar tiempo a estarcir las complicadas superposiciones de arabescos. Tallado con gubia o expulsados como en los esgrafiados y aplican, con técnica de fresco, esto es, con los morteros aún húmedos, los pigmentos en agua de cal para sus complejas policromías. La Alhambra y tantos monumentos andaluces son muestra de estas maravillosas decoraciones, que derivan de las yeserías almohades. Derivado inmediato de estas técnicas islámicas están los grandes ejemplos de esgrafiados geométricos con el soberbio ejemplo de tradición segoviana, ininterrumpida desde los más antiguos conocidos en el Alcázar, datados del siglo XIV. Los esgrafiados catalanes llegan más bien por vía italiana, ya en época barroca, con su gran auge en el XVII y XVIII y el gran despegue en la arquitectura modernista.

El renacimiento y barroco. Siglo XVIII

En el Renacimiento y Barroco italianos se observan estucos y revocos en numerosas obras de Tibaldi, Ricchino, Sangallo, Serlio, Miguel Ángel y Sansovino. Los de las estancias de Rafael de Giovanni da Udine o las logias del Belvedere en el Vaticano y Villa Madama en Roma. Un claro caso de identificación con los paramentos tersos es Borromini. Anthony Blunt, en su biografía, apunta cómo en San Felipe Neri conserva el plano como elemento dominante, consiguiéndolo con ladrillo muy delgado, a hueso. Borromini comentó la maravilla que sería realizar una fachada en una sola pieza, en terracota. Borromini nunca empleó el color, sólo en retablos pintados con sus marcos dorados y en los paños de estuco encima y debajo de los grandes nichos; el resto es de estuco blanco, como en San Carlo. San Ivo se restauró para eliminar añadidos, como el falso mármol superpuesto el pasado siglo. En la actualidad se ha vuelto al blanco, verdadera intención de Borromini. Las villas de Palladio se construyeron con obra de ladrillo revestida de estuco; la mayor parte de los elementos, incluidas columnas, eran de ese material. La piedra se reservaba para los detalles más refinados, como basas y capiteles de las columnas y marcos o guarniciones de huecos. Usó suelos de estuco en Villa Rotonda. Las superficies estucadas gustaron a aquellos venecianos tan amantes del color, que lo cambiaban a voluntad; en las villas palladianas y casas venecianas se ve gran cantidad de superposiciones de estucaduras. En el Barroco europeo del siglo XVIII toma importancia el tratamiento de muros interiores, los frisos altos son decorados con estucos en relieve, el muro lo consideran como una columna desarrollada en el plano, esos frisos corresponderían al capitel y enmarcan los techos decorados. La parte, central del muro, correspondiente al fuste, queda tranquila, se cubre de telas o molduras, doradas o no, formando recuadros que enmarcaban cuadros, tapices o pinturas murales. La basa y plinto corresponden al zócalo. Los techos tuvieron gran importancia, por considerarlos puntos fundamentales de atención. En ellos se desarrollaron

composiciones muy importantes con elementos moldurados, formando juegos de recuadros, destacando esquinas y centro, y alternando muchas veces esa decoración con pinturas al fresco y figuras esculpidas, como en Fontainebleau. En el siglo XVIII, los italianos proveían a toda Europa de las placas de ricos mármoles que servían de encimeras de consolas, aparadores o cómodas, generalmente de estilo rococó. Pero producían también para el mismo uso placas de scagliola o imitaciones de mármol en estuco coloreado, que eran muy solicitadas, sobre todo por ricos clientes ingleses. En el período comprendido entre 1720-1770 aparece en Francia, y se extiende pronto, el estilo rococó, con formas dominadas por diseños vegetales y rocallas en complicadas espirales; es un estilo de gran complejidad formal, diseñado por artistas que sabían equilibrar las tensiones para asegurar la cohesión de las formas, pero al fallar su diseño perdían su gracia y se expandían como llevados por una fuerza centrífuga distorsionante. Es un marco de expresión apasionada, de difícil dominio y que exigía, quizá más que en otros estilos, un inmenso talento. Se desarrolla en todos los niveles de decoración, revestimientos, plafones en estuco, candelabros, tejidos, papeles pintados y en gran parte del mobiliario y pequeños ornamentos de la época, como grandes espejos integrados en los revestimientos y enfrentados, produciendo reflexiones sin fin, creando unas atmósferas casi psicodélicas, sin puntos de referencia, donde todo estaba en movimiento. Los ámbitos tardo-barrocos destacaron por una total interpretación de arquitectura, pintura, escultura, decoración y mobiliario. El estuco, altamente desarrollado, tiene un importante papel; llega a constituir un arte de la misma categoría que la pintura o la escultura. Según el temperamento, capacidad o talante del estuquista y de la libertad que el arquitecto le concediera, el estucado determinaba decisivamente el carácter del espacio que definía la rocalla y la dinámica lineal de sus elementos. Los prototipos de la fantasía tardo-barroca parten de ornamentaciones extraídas de formas orgánicas, como las conchas, creando oscilaciones y arabescos junto a cintas y dibujos geométricos, que invadieron techos, bóvedas y paramentos, incluso pilastras y arquerías, todo un mundo fantástico y desbocado, como la gran pirotecnia formal de fin de una época. Un fabuloso ejemplo tardo-barroco lo encontramos en la sacristía de la Cartuja granadina, obra del cantero Luis de Arévalo y el tallista Luis Cabello, realizada entre 1727-1764.

Aglomerantes modernos. Antecedentes clásicos

Es a partir del siglo XVIII cuando se producen aglomerantes hidráulicos, es decir, susceptibles de endurecer con el agua. Los griegos, como hemos visto, han sabido crear morteros resistentes al agua añadiéndoles tierra de Santorin y tejoleta. Los romanos han generalizado el uso de morteros de cal y puzolana. La mayor estabilidad así obtenida es debida a una reacción más o menos lenta entre la cal y la sílice coloidal y la alúmina contenidas en los productos mencionados, con formación de hidrosilicatos cuya naturaleza es comparable a la que se obtiene con la hidratación de los aglomerantes hidráulicos modernos.

Aglomerantes hidráulicos

El descubrimiento de los aglomerantes hidráulicos se remonta a 1756. Smeaton, encargado de dirigir la construcción del faro de Eddyston (Plymouth) se propuso encontrar una cal que pudiera resistir la acción del agua del mar. Los ensayos efectuados con una caliza de Averthan dieron resultados positivos. Los análisis químicos habían demostrado la presencia de arcilla y él concluyó que la presencia de arcilla en la caliza debe ser uno de los factores principales, si no el único que determina la hidraulicidad. La influencia de la tradición romana ha retrasado probablemente el descubrimiento de los aglomerantes hidráulicos, ya que en la literatura romana se insiste en el hecho de que para tener una buena cal hay que partir de una caliza muy pura. Por tanto, las calizas arcillosas eran sistemáticamente desechadas. Hacia 1812, Vicat estudió las mezclas de calizas puras y arcillosas y demostró definitivamente que las propiedades hidráulicas dependen de los componentes que se forman durante la cocción entre la cal y los constituyentes de la arcilla. En efecto, bajo la acción del calor, primero se produce una deshidratación de la arcilla, después una descomposición de la caliza y por fin una combinación entre la cal, la sílice y los óxidos de aluminio. Dependiendo de la temperatura y la duración de la cocción, la reacción es más o menos completa y los productos obtenidos más o menos hidráulicos.

Los primeros aglomerantes así fabricados tenían las características de los cementos rápidos actuales. Generalmente eran ricos en aglutinatos y esto los caracterizaba para una compactación rápida. Esto último no se debe a la desecación del mortero y a la carbonatación de la cal, sino a la reacción de los aglutinatos y los silicatos con el agua, ésta puede ser muy buena al abrigo del aire. Los trabajos de Vicat se separan del empirismo de sus predecesores, constituyendo las verdaderas bases científicas que fijan las reglas de fabricación y empleo de la cal hidráulica. Los que pueden ser considerados como productos intermedios entre la cal hidratada y el cemento "Portland" actual.

En efecto, los constituyentes hidráulicos siempre presentan un elevado grado de cal libre y de hecho deben ser sometidos a extinción.

Esta operación, que consiste en hidratar el óxido de cal libre, debe ser hecha con una cantidad moderada de agua, para evitar la hidratación de constituyentes hidráulicos. Se trata de un proceso que era mal comprendido por los predecesores de Vicat.

Ciclo de la cal

Para obtener cal viva se dispone a calcinar piedras calizas a temperaturas entre 900 y 1000º C. Resulta la siguiente reacción:

$$CO_3C_a + Q \text{ --------- } C_aO + CO_2$$

Hay que apagar la cal viva (echar agua) y resulta la siguiente reacción:

$$C_a + H_2O \text{ ---------- } Ca(OH)_2$$

En el fraguado se produce una recalcinación. La cal apagada absorbe dióxido de oxígeno de la atmósfera produciéndose el carbonato cálcico y le sobra agua.

$$C_a(OH)_2 + CO_2 \text{ --------- } CO_3C_a + H_2O$$

Fabricación de la roca

Consta de las siguientes fases

1. Extracción de la roca: la materia prima son las rocas sedimentarias o metamórficas.

2. Cocción o calcinación: troceadas las rocas se introducen en hornos para la cocción. Estos hornos pueden ser intermitentes o de carga continua, siendo hoy lo más utilizados lo rotativos horizontales.

3. El molido de la cal viva: consiste en pulverizar los terrones de cal viva.

4. Apagado de la cal: la cal viva no se puede utilizar en construcción, es necesario hidratarla. Esta hidratación se consigue con un aumento de volumen y un gran desprendimiento de calor.

5. Cribado y almacenaje: la cal viva no puede almacenarse durante mucho tiempo porque se apaga fácilmente al aire. La cal apagada puede suministrarse en polvo (papel adecuado) cuando contiene la cantidad justa de agua o en pasta (con exceso de agua), con las precauciones adecuadas para evitar su Carbonatación.

Clasificación

Cales aéreas

Según la norma UNE 41.067 "cal aérea para construcción. Clasificación. Características", se define como el material aglomerante que está constituido de óxido cálcico o hidróxido de calcio y que tiene la propiedad de endurecerse en el aire, después de amasarla con agua por la acción del anhídrido carbónico. Según sea el material calcinado y los contenidos en óxido de calcio y óxido de magnesio, se obtienen los dos grupos siguientes:

Tipo de cal	$C_aO + M_gO$ (mínima)	CO_2 (máxima)
Cal aérea I	90%	5%
Cal aérea II	60%	5%

NOTA: cuando el contenido del MgO es mayor del 5% sobre muestra calcinada se considera cal aérea dolomítica.

Cales hidráulicas

Según la norma UNE 41.068 "cal hidráulica para construcción. Clasificación. Características", se define como el material aglomerante, polvoriento y parcialmente hidratado, que se obtiene calcinando calizas que contienen sílice y aluminio, a una temperatura casi de fusión, para que se forje óxido cálcico libre necesario para permitir su hidratación y, al mismo tiempo, deje cierta cantidad de silicatos de calcio anhídridos, que dan al polvo sus características hidráulicas. Las cales hidráulicas, después de amasarlas con agua, se endurecen en el aire y también en agua, siendo esta última propiedad las que la caracterizan, se clasifican en:

Tipo de cal	$SiO_2 + Al_2O_3 + Fe_2O_3$ (mínimo)	CO_2 (máximo)
Cal hidráulica I	20%	5%
Cal hidráulica II	15%	5%
Cal hidráulica III	10%	5%

NOTA: si el contenido de óxido magnésico no es mayor del 5% sobre muestra calcinada se denomina cal hidráulica de bajo contenido de magnesio, y si es mayor del 5% se denomina cal hidráulica de alto contenido de magnesio o cal hidráulica dolomítica.

Aplicaciones

-Morteros de cal, es una combinación entre cal, arena fina y agua. Se ha utilizado como mortero de cemento. Es preferible el mortero de cal en la mampostería, ya que, su coeficiente de dilatación es más parecido al coeficiente de la piedra. Se denomina mortero bastardo, al mortero fabricado con dos aglomerantes normalmente con el cemento o con el yeso.

-Pasta de cal, es una combinación entre cal y agua, se utiliza en revocos y en lucidos. Se ha utilizado en temperaturas cálidas.

-Pinturas de cal, más diluida la cal (agua más cal), se utiliza por dos propiedades: en exteriores porque refleja la radiación solar; en interiores por su facilidad de fabricación, y tiene una ventaja y es que tiene la característica de desinfectar. La pintura de cal se aplica con cepillo.

Uso del cemento

Se denomina cemento a un conglomerante hidráulico que, mezclado con agregados pétreos (árido grueso o grava, más árido fino o arena) y agua, crea una mezcla uniforme, maleable y plástica que fragua y se endurece al reaccionar con el agua, adquiriendo consistencia pétrea, denominado hormigón o concreto. Su uso está muy generalizado en construcción e ingeniería civil, siendo su principal función la de aglutinante. Joseph Aspdin, un albañil de Wake-eld, realiza en 1824 una patente para el cemento que produce, cemento que afirma ser tan duro como la piedra de Portland (éste es el origen del llamado "cemento Portland", actualmente dado al cemento corriente, ya que la naturaleza y características de este último son muy diferentes). L.C. Johnson descubrió que el Clinker, obtenido por fusión parcial de los elementos constitutivos de la primera materia sobrecalentada y que hasta entonces había sido echado como desecho inutilizable, da unos resultados mucho mejores que el cemento usual, a condición de ser finamente molido. Es el producto que procede de la molienda del Clinker obtenido por calcinación a unos 1.450º C y adicionándole una pequeña cantidad de yeso el que nosotros llamamos hoy cemento "Portland". La exposición universal de 1891 permitió una demostración del nuevo producto y le dio una gran publicidad. A partir de ese momento, la mayor parte de los fabricantes de

aglomerantes practicaban la calcinación a alta temperatura, y la cal cada vez fue más reemplazada por el cemento. Desde finales del siglo XIX, los principios generales de la fabricación del cemento "Portland" no han sufrido cambios. Sin embargo, han sufrido una evolución técnica y científica muy importante. Esta evolución aumentó los conocimientos científicos básicos y ha permitido descubrir una gama de aglomerantes derivados del Portland (Portland especiales), aglomerantes de mezcla (cementos puzolánicos, metalúrgicos, etc.) y los aglomerantes especiales (de aluminio), lo que, por un lado, puede paliar ciertas insuficiencias del cemento Portland y por otro satisfacer mejor otro tipo de exigencias, pero crean otros problemas.

De una manera general, se puede fácilmente hacer la distinción entre un mortero de cal hidratado y un mortero a base de aglomerante hidráulico. El examen microscópico permite reconocer el tipo de aglomerante hidráulico utilizado. Sin embargo, esta distinción es difícilmente utilizable por el arqueólogo, ya que el descubrimiento de los aglomerantes hidráulicos es todavía muy reciente. Al aumentar el interés que se toman los estudiosos del arte por la arquitectura del siglo XIX, estas distinciones podrán ser de gran valor para este período y permitirán precisar los métodos de datación. La palabra cemento es nombre de varias sustancias adhesivas. Deriva del latín caementum, porque los romanos llamaban opus caementitium (obra cementicia) a la grava y a diversos materiales parecidos al

hormigón que usaban en sus morteros, aunque no eran la sustancia que los unía. Hoy llamamos cemento por igual a varios pegamentos, pero de preferencia, al material para unir que se usa en la construcción de edificios y obras de ingeniería civil. También se le conoce como cemento hidráulico, denominación que comprende a los aglomerantes que fraguan y endurecen una vez que se mezclan con agua e inclusive, bajo el agua. De acuerdo con la definición que aparece en la Norma Oficial Mexicana (NOM), el cemento portland es el que proviene de la pulverización del Clinker obtenido por fusión incipiente de materiales arcillosos y calizos, que contengan óxidos de calcio, silicio, aluminio y fierro en cantidades convenientemente dosificadas y sin más adición posterior que yeso sin calcinar, así como otros materiales que no excedan del 1% del peso total y que no sean nocivos para el comportamiento posterior del cemento, como pudieran ser los álcali.

Historia del cemento

Hacia el año 700 antes J.C. los etruscos utilizaban mezclas de puzolana y cal para hacer un mortero. Ya en el año 100 antes J.C. los romanos utilizaban mezclas de puzolana y cal para hacer hormigón de resistencias a compresión de 5 Mpa. Hasta el año 1750 sólo se utilizaban los morteros de cal y materiales puzolánicos (tierra de diatomeas, harina de ladrillos, etc.). Hacia 1750-1800 se investigaron mezclas calcinadas de arcilla y caliza. Smeaton comparó en el año 1756 el aspecto y dureza con la piedra de Portland al sur de Inglaterra. 40 años más tarde, Parker fabricó cemento natural aplicándose entonces el vocablo "cemento" (anteriormente se interpretaba como "caement" a toda sustancia capaz de mejorar las propiedades de otras). En 1824, Aspdin patentó el cemento portland dándole este nombre por motivos comerciales, en razón de su color y dureza que les recordaban a las piedras de Portland. Hasta la aparición del mortero hidráulico que auto endurecía, el mortero era preparado en un mortarium (sartén para mortero) por percusión y rotura, tal como se hace en la industria química y farmacéutica. Entre los años 1825-1872 aparecieron las primeras fábricas de cemento en Inglaterra, Francia y Alemania. En el año 1880 se estudiaron las propiedades hidráulicas de la escoria de alto horno. En el año 1890 aparecieron las primeras fábricas de cemento en España. En el año 1980 había 1.500 fábricas que producían cerca de 800 millones de toneladas/año. Hoy en día el cemento es la cola o "conglomerante" más barato que se conoce. Mezclado adecuadamente con los áridos y el agua forma el hormigón, una roca amorfa artificial capaz de tomar las más variadas formas con unas prestaciones mecánicas a compresión muy importantes. Las resistencias a tracción pueden mejorarse con la utilización de armaduras (hormigón armado).

Obtención

El cemento no es un material natural y se obtiene de la siguiente forma mediante procesos industriales:

La piedra caliza en una proporción del 75% en peso, triturada y desecada, junto a la arcilla en una proporción del 25% se muelen y mezclan homogéneamente en molinos giratorios de bolas. El polvo así obtenido es almacenado en silos a la espera de ser introducidos en un horno cilíndrico con el eje ligeramente inclinado, calentado a 1600º C por ignición de carbón pulverizado, donde la mezcla caliza arcilla, sufre sucesivamente un proceso de deshidratación, otro de calcinación y por último el de vitrificación. El producto vitrificado es conducido, a la salida del horno a un molino-refrigerador en el que se obtiene un producto sólido y pétreo conocido con el nombre de Clinker, que junto a una pequeña proporción o pequeña cantidad de yeso blanco o escayola es reducido a un polvo muy fino, homogéneo y de tacto muy suave en molinos de bolas giratorias, como es el cemento, que es almacenado en silos para su posterior envasado y transporte.

El cemento portland se fabrica en cuatro etapas básicas

1. Trituración y molienda de la materia prima.
2. Mezcla de los materiales en las proporciones correctas, para obtener el polvo crudo.
3. Calcinación del polvo crudo.

4. Molienda del producto calcinado, conocido como Clinker, junto con una pequeña cantidad de yeso.

Transformación

El cemento, al no ser un material natural el medio (obtenido por un proceso industrial antes citado), no se transforma como tal en un material directo para el uso después de la obtención.

Para que se convierta en un material útil, se utiliza un proceso artesanal ayudado con máquinas giratorias en las que se introduce el cemento en forma de polvo mezclado con agua, arena y gravilla o graba (dependiendo de las propiedades del material que se quieran obtener) y se mezcla hasta que queda una mezcla pastosa que es maleable y plástica que se utilizara para la unión de otros materiales, aislante, etc.

Características

-Calidad

La búsqueda permanente de la calidad en todos nuestros productos y servicios es parte de nuestra misión. Nuestro lema de que sólo producimos calidad, es parte de la filosofía de todos nosotros en Cruz Azul. El cumplir con normas nacionales e internacionales y ser los líderes en calidad en el mercado es consecuencia de la forma de vida, por lo que el nombre de Cruz Azul es sinónimo de calidad.

-Experiencia

Tenemos una experiencia de cuatro generaciones, ya que en México en el año 1909 por primera vez se produjo Cemento Portland industrialmente, Cruz Azul lo hizo y ha continuado desde entonces su fabricación manteniendo una constante superación en el proceso, equipos y capacidad de personal.

-Tecnología

La alta calidad del cemento Cruz Azul está garantizada por la integración de equipos productivos, modernos y eficientes con alto aprovechamiento de la energía, por sistemas computarizados que aseguran los mejores resultados del proceso y por nuestro personal capacitado coordinado por técnicos especializados. Trabajamos bajo la filosofía Cooperativa Cruz Azul, enfocada hacia el hombre y al servicio de la comunidad, y estamos convencidos de que para preservar y hacer crecer nuestra empresa necesitamos distribuidores y clientes satisfechos.

-Investigación

En Cruz Azul la investigación es de tiempo completo. Dedicamos una parte importante de nuestros ingresos a ella. Contamos con modernos equipos sofisticados de Difracción y Fluorescencia de Rayos "X" además de Microscopía y equipos completos para análisis en Vía Húmeda. Nuestro personal se capacita continuamente dentro y fuera del país. Nuestros Técnicos participan activamente en el desarrollo de las normas de calidad de ASTM en el área de cemento, Comité C-1, contando con la membresía de ASTM (Sociedad Americana de Estandarización de Materiales y Servicios), a nivel nacional trabajamos conjuntamente dentro del comité de normalización, mediante el trabajo cooperativo con el ONNCCE (Organismo Nacional de Normalización y Certificación de la Construcción y Edificación, S. C. en API (Instituto Americano del Petróleo), hemos participado en la revisión de normas así como en las pruebas cooperativas al Óleo cemento, y participamos activamente en el ICMA (Asociación Internacional de Microscopía en Cemento).

-Certificación

La Cruz Azul cuenta con certificado API Spec Q1, de API para el uso del monograma en el cemento especial para la cementación de pozos petroleros; Cemento Clase "G" y "H", bajo la especificación API Spec 10A, licencia Núm. 0039. Todo lo anterior con el objetivo principal de la investigación de que nuestro cemento sirva para que nuestros clientes obtengan cada vez mejores resultados. La Planta de la Cruz Azul, S.C.L. ubicada en Lagunas, Oax. obtuvo el certificado bajo el esquema de ISO 9002/94, siendo (BVQI) Bureau Veritas International Quality, quien certificó el cumplimiento del Sistema de Aseguramiento de Calidad de La Cruz Azul, S.C.L. a las Normas Internacionales ISO 9000. La planta de Cruz Azul, Hgo. el 10 de diciembre de 1999, recibió el certificado de Industria Limpia, acreditado por la SEMARNAP (Secretaria del Medio Ambiente, Recursos Naturales y Pesca) a través de la PROFEPA (Procuraduría Federal de Protección al Ambiente).

-Control

El control de calidad comienza desde la selección de las materias primas de acuerdo a su composición química. Continúa con la dosificación y molienda para asegurar la preparación adecuada de la mezcla para calcinarse, donde comprobamos que se obtengan los compuestos químicos que requiere nuestro cemento. En la molienda final verificamos que el producto cumpla con los parámetros de calidad en resistencias, trabajabilidad, etc., establecidos en nuestra política de calidad.

-Normalización

Con la globalización económica, México se vio obligado a actualizar la normalización del cemento, mismo que tiene un fin, principalmente de actualizarse a nivel mundial y con ello, cumplir con las exigencias internacionales.

Clasificación del Cemento por sus Adiciones

CPO	Cemento Portland Ordinario
CPP	Cemento Portland Puzolánico
CPEG	Cemento Portland con Escoria Granulada de Alto Horno
CPC	Cemento Portland Compuesto
CPS	Cemento Portland con Humo de Sílice
CEG	Cemento con Escoria Granulada de Alto Horno

Clasificación por Características Especiales

RS	Resistente a los Sulfatos
BRA	Baja Reactividad Alcali - Agregado
BCH	Bajo Calor de Hidratación
B	Blanco

Clasificación por su Clase Resistente

Resistencia N/mm^2	Mínimo a 3 días	Mínimo a 28 días	Máximo a 28 Días
20	--	20	40
30	--	30	50
30 R	20	30	50
40	--	40	--
40 R	30	40	--

La letra R indica que un cemento es de resistencia inicial alta, las unidades de reporte se modificaron a N/mm², en vez de kg/cm² (1 N/mm² = 10.2 kg/cm²).

La Nomenclatura es ahora la siguiente:

a. Consideremos un Cemento Portland Ordinario de Clase resistente 30, de resistencia inicial alta y con las características especiales de Resistente a los Sulfatos, se debe presentar como:

CPO 30 R RS

b. Consideremos un Cemento Portland Puzolánico de Clase resistente 30, de resistencia inicial alta y con las características especiales de Resistente a los Sulfatos, Baja Reactividad Alcali Agregado, se debe presentar como:

CPP 30 R RS/BRA

En Cruz Azul, continuamos con la tradicional Calidad Cruz Azul, misma que nos ha distinguido a través del tiempo y para estar acorde, la presentación de nuestros Cementos Portland Tipo II y Tipo II con Puzolana, además de nuestro Cemento Portland Blanco, ahora se reconocen en el mercado como:

CPO 30 R

CPP 30 R

CPP 40 B

Es decir, continuamos con nuestros Cementos que nos han dado la imagen del mejor cemento, en el mercado y mejoramos la calidad de los mismos para satisfacer las necesidades más especiales de nuestros clientes. Cabe mencionar que contamos con la tecnología necesaria para fabricar cualquier tipo de cemento que se encuentra clasificado por la nueva norma.

Empleo de los Cementos Portland
1. Para obras de Albañilería.
2. Concreto Simple.
3. Concreto Reforzado.

- Aplanados
- Junte de Tabiques
- Obras de Ornato
- Firmes
- Pisos
- Banquetas
- Losas
- Castillos
- Trabes

El uso más común del cemento es en el ámbito de la construcción como aglomerante:

-El cemento si mezclar con gravillas se utiliza para suelos donde se necesita una superficie lisa y sin obstáculos (pistas de patinaje, parkings, pistas deportivas, etc.).

-El cemento también se usa en las carreteras o autopistas, en forma de muros o barreras, en zonas de viviendas para

aislar de la contaminación acústica que crean las grandes carreteras ya que es un material aislante del calor, electricidad y sonido. También se utiliza el cemento para la fabricación de vallas que se colocan a los laterales de la carretera con el fin de que un coche no se salga de la vía.

-Al cemento también se le puede dar un uso en el ámbito de la medicina. Los dentistas utilizan este material (no el cemento de la construcción) para pegar empastes, prótesis dentales, etc.

-El cemento también puede ser utilizado para la fabricación de baldosas con múltiples formas y relieves.

Seis puntos que usted debe saber para la elaboración del concreto

1. Es muy importante seleccionar agregados duros, fuertes, limpios, con mínima cantidad de polvo, libres de arcillas o contaminantes que afecten la hidratación del cemento.

2. Los agregados ocupan de un 60 a un 75 % del volumen del concreto (70 a 85% en peso) y tienen una gran influencia sobre las propiedades del concreto fresco y endurecido, sobre los proporcionamientos y la economía.

3. El agua debe estar libre de contaminaciones orgánicas y salinas. Cuando sea posible debe utilizarse agua potable.

4. El Cemento debe ser el adecuado para el tipo de obra tomando en cuenta el contenido de sales y humedad en el suelo. Se debe verificar el estado de los sacos, que no presenten roturas ni humedad.

5. La cimbra que se utilice debe colocarse de manera firme y bien sellada para evitar la pérdida de lechada. Se debe recubrir con aceite limpio y humedecerla previo a la colocación del concreto.

6. La proporción del concreto debe ser la adecuada a los esfuerzos a los cuales estará sometido.

La mezcla

El Mezclado debe hacerse de tal forma que asegure la homogeneidad del concreto. Se recomienda el uso de mezcladoras mecánicas. En caso de que se realice manualmente deben extremarse los cuidados durante su elaboración.

Colocación

Los cuidados durante la colocación del concreto tienen como objeto mantener la masa homogénea, que se vea pareja, es decir, con buena distribución de los agregados. Es importante que se elimine el aire atrapado por lo que se recomienda el empleo de un vibrador o del método del varillado.

Curado

Con el objeto de que el concreto desarrolle adecuadamente sus resistencias es muy importante que no se pierda el agua de mezclado. Para este efecto debe mantenerse húmeda la superficie del concreto. A esta operación se le llama curado.

Un buen curado contribuye a obtener las resistencias de diseño. En caso de un curado deficiente, las resistencias pueden quedar hasta un 30% por debajo de lo esperado.

Descimbrado

Otro factor muy importante es el tiempo que se debe mantener la cimbra para obtener la resistencia del concreto y conseguir su durabilidad. En losas, es recomendable mantener la cimbra 15 Días por lo menos en condiciones normales.

Resistencia de diseño

La resistencia a la compresión es una de las pruebas más importantes para verificar la calidad del concreto. Se utiliza en el diseño de estructuras. Las pruebas se proyectan a 28 Días. La resistencia a la compresión es afectada fuertemente por la relación agua/cemento y la edad o la magnitud de la hidratación.

Impacto medio ambiental

La industria del cemento tiene un impacto ambiental negativo importante para la salud, en función de su localización con relación a centros poblados: La industria del cemento incluye las instalaciones con hornos que emplean el proceso húmedo o seco para producir cemento de piedra caliza, y las que emplean agregado liviano para producirlo a partir de esquisto o pizarra. Se utilizan hornos giratorios que elevan los materiales a temperaturas de 1400 °C.

Las materias primas principales son piedra caliza, arena de sílice, arcilla, esquisto, marga y óxidos de tiza. Se agrega sílice, aluminio y hierro en forma de arena, arcilla, bauxita, esquisto, mineral de hierro y escoria de alto horno. Se introduce yeso durante la fase final del proceso. La tecnología de hornos de cemento se emplea en todo el mundo. Usualmente, las plantas de cemento se ubican cerca de las canteras de piedra caliza a fin de reducir los costos de transporte de materia prima.

Morteros y hormigones

Definición

Se define como mortero a un producto plástico obtenido por la mezcla de uno o varios aglomerantes, arenas, agua y en su caso aditivos. Tienen la propiedad de fraguar y endurecer en contacto con el aire y en algunos casos con el agua. Se emplean en construcción para unir elementos y revestir paramentos (verticales: pared; horizontal: techo y suelo) (áridos finos: morteros; áridos gruesos: hormigón).

Tipos de morteros

Según el aglomerante

Morteros de yeso.

Morteros de cal (para unir piedras y ladrillos mejor que el cemento por sus propiedades).

Morteros de cemento.

Morteros de cemento-cola.

Morteros mixtos o bastardo, en los que se mezclan dos aglomerantes:

    Yeso y cal.

    Cal y cemento.

Componentes de los morteros

Aglomerantes, todos utilizados tendrán marcado el CE y cumplirán las prescripciones de su pliego correspondiente.

Áridos, se define como el conjunto desagregadas de rocas naturales de tamaño comprendido entre 0,02-5 mm.

Origen de los áridos, se clasifican en:

-Áridos de río, se caracterizan por tener los granos redondeados y tener una baja presencia de arcillas.

-Áridos de mina, pueden presentar un elevado contenido de arcilla con lo que puede ser necesario su lavado previo a su utilización, estos áridos suelen presentar granos angulosos. También se puede utilizar los áridos de playa, pro estos han de ser lavados previamente con agua dulce.

Granulometría

Par comprobar si una arena es válida para fabricar morteros debemos conocer la distribución en los que se encuentran los diferentes tamaños que forman el árido, se hace mediante el ensayo granulométrico (este ensayo también se aplica a las grabas y terrenos). Este estudio consiste en hacer pasar una muestra del árido a través de una serie normalizada de tamices y representar en un gráfico el tanto por ciento de la muestra que pasa por cada uno de los tamices. La unión de los valores obtenidos nos dará una curva granumétrica que nos permite conocer la granulometría del árido y comprobar si está en los límites aceptables. La norma básica de edificación expresa las condiciones que deben seguir las arenas para los morteros que vayan a emplearse en la ejecución de fábricas de

ladrillo. Estas condiciones son: denominándose por cada uno de los tamices en %:

TAMICES	DESIGNACION	CONDICIONES
5.00	a	100
2.50	b	60≤b≤100
1.25	c	30≤c≤100
0.63	d	15≤d≤70
0.32	e	5≤e≤50
0.16	f	0≤f≤30

c-d≤50   d-e≤50   c-e≤70

Precaución a tener en cuenta ante el contenido de árido fino: la presencia de arenas finas es negativa para el mortero u hormigón ya que nos obliga a añadir una cantidad de agua mayor para efectuar la mezcla (a mayor cantidad de agua menos resistencia).

Para comprobar si un árido tiene cantidad de fino: si el árido que pasa por un tamiz 0.16 es superior al 15% la fracción resultante lo pasamos por un tamiz de 0.08, si el que pasa es superior al 15% rechazamos el árido.

Se define como masa granular a la división entre la suma de lo acumulado en % entre 100, el número tiene que estar comprendido entre 1.5-3.9.

$$M_g = \frac{\sum A (\%)}{100}$$

Condiciones en agua

Como norma general para el amasado de morteros se puede usar todas las aguas sancionadas como aceptables por la práctica. El agua para morteros debe reunir las mismas condiciones que el agua empleada en hormigones. En general cualquier agua potable es válida, excepto las aguas de manantiales de alta montaña por su excesiva calidad, no se aceptarán aquellas que tengan un exceso de impurezas como pueden ser las arcillas. La cantidad debe ser la necesaria para que se produzca toda la hidratación del aglomerante, si la cantidad es menor que la necesaria parte del aglomerante no fragua lo que implica una pérdida de resistencia. Si hay agua en exceso el mortero será poco compacto y muy poroso además de perder la resistencia del mortero.

Aditivos

En la actualidad existen multitud de aditivos utilizados para mejorar las características de los morteros y hormigones. Entre ellos se encuentran plastificantes y colorantes.

Fabricación de los morteros

La mezcla o amasado de los materiales que intervienen en el formado del mortero pueden realizarse de forma manual o mecánica.

Amasado manual:

Se amontona de forma cónica la cantidad de arena a amasar.

Se vierte el cemento en la parte superior de la arena

Con la ayuda de palas se intenta conseguir la mayor homogeneidad de la mezcla manteniendo la forma cónica inicial.

Se hace un agujero en el centro del cono y se vierte 1/3 de agua.

Se continúa homogenizando la mezcla y se termina de añadir el agua necesaria hasta conseguir la consistencia adecuada.

Propiedades de los morteros

La resistencia, cuando se emplea un mortero para añadir elementos en fábricas resistentes, el mortero actúa como un elemento resistente más, conviniendo su resistencia con los otros elementos (ladrillos). Según su resistencia los morteros se han denominado (M-5; M-10; M-20; M-40; M-80; M-160), el número indica que kilogramos son resistentes en un centímetro cuadrado, por ejemplo, M-5 son $5kg/cm^2$. En la actualidad se expresa en newton por milímetros al cuadrado, por ejemplo, M-160 será $16N/mm^2$.

La adherencia, es la capacidad del mortero de absorber tensiones normales o tangenciales a la superficie del mortero.

Retracción, las pastas puras retraen por secado al perder el exceso de agua.

En los morteros la arena actúa como esqueleto que evita en parte los cambios volumétricos.

Se el secado es lento tiene tiempo de alcanzar la resistencia de atracción necesaria para fisurar, por ello en tiempo caluroso con fuerte viento para disminuir la velocidad de evaporación se recomienda recubrir la fábrica de ladrillo o los recubrimientos con arpilleras o regar abundantemente.

Durabilidad, los agentes que tienden a destruir los morteros son los siguientes:

Helacidad, se debe evitar realizar procesos de hormigonado cuando se prevean heladas en las próximas 48 horas.

Penetración de humedad, si el agua penetra en las juntas de cerramiento o en el interior de un enfoscado se va a deteriorar el mismo debido a la presencia de moho y eflorescencias, así como el riesgo de la helacidad.

Soluciones: pinturas impermeabilizantes, algunos aditivos impermeabilizantes y utilizar cal (mortero de cal).

Eflorescencias, son manchas que aparecen en los revestimientos o muros debido a la presencia de sales solubles que arrastradas por el agua de amasado o lluvia precipitan al evaporarse esta.

Estas sales pueden provenir del agua de amasado del cemento, del ladrillo e incluso del suelo.

Las sales más frecuentes son sulfatos, nitratos y cloruros, para eliminarlos las producidas por sulfatos solubles se pueden lavar con soluciones débilmente jabonosas, las producidas por nitratos requieren un cepillado enérgico.

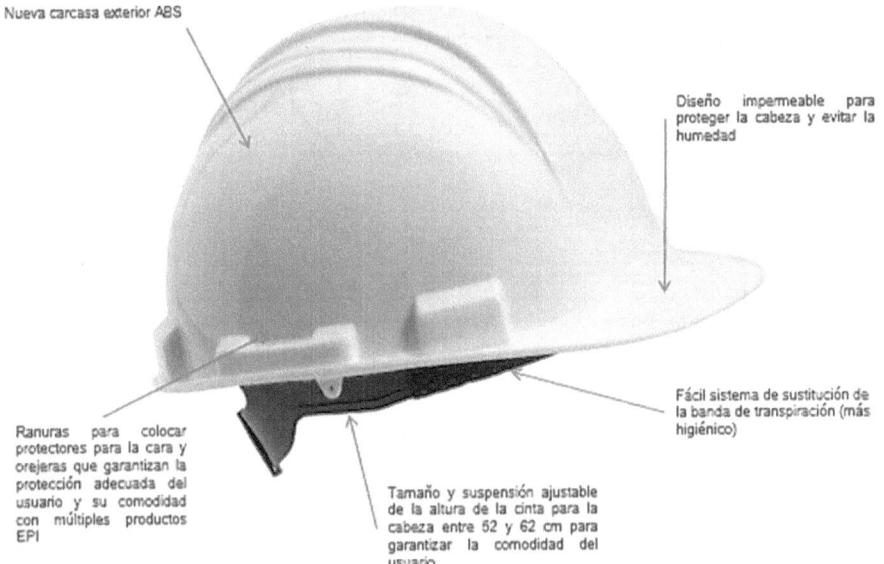

Casco protector usado en albañilería

Aplicaciones y dosificaciones

Pasta de yeso (para 1m^3)

	Yeso (Kg.)	Agua (l)
Yeso grueso	850	600
Yeso fino	810	650

Mortero de yeso: 1:2 y 1:3. En la práctica no se utiliza.

Morteros bastardos de yeso y cal:

Un volumen de yeso, 3 de cal y uno de arena, para paredes.

2 volúmenes de yeso, 3 de cal y uno de arena, para techos.

TIPO	DOSIFICACION			MATERIALES				APLICACIONES
	Cemento.	Cal	Arena	Ce (Kg.)	Cal (l)	Arena (l)	Agua (l)	
Morteros de cal	-	1	2	-	400	800	120	Enlucidos de paredes y techos
	-	1	3	-	315	945	125	
	-	1	4	-	260	1060	100	Mampostería y tabiquería
Morteros de cal y cemento	1	1	4	290	215	860	168	Enlucidos, mamposterías y para bóvedas
	1	1	6	220	165	980	170	
	1	1	8	185	135	1060	160	
	1	2	6	180	275	830	160	Morteros impermeabilizantes
	1	2	8	155	230	920	165	
Morteros de cemento	1	-	1	920	-	680	270	Relleno de juntas
	1	-	2	600	-	880	265	Morteros resistentes
	1	-	3	440	-	975	260	Obras corrientes
	1	-	4	350	-	1030	260	
	1	-	6	250	-	110	255	Morteros poco resistentes, se llama "tortas de barro" para pegar tejas
	1	-	8	190	-	1140	250	
	1	-	10	160	-	1150	250	

Acondicionamiento del terreno

Los trabajos de acondicionamiento del terreno consistirán en primer lugar en la limpieza del terreno, demolición de los forjados existentes sobre dos de las piscinas de la antigua cetárea y demolición de los restos de muros pertenecientes a la misma construcción y retirada de los escombros consiguientes. El movimiento de tierras será el necesario para situar la edificación en la cota señalada en planos, dejando el terreno compactado para recibir la cimentación.

La excavación y vaciado de tierras a cielo abierto se efectuará por medios mecánicos hasta la cota fijada, susceptible de variación si a juicio de la Dirección Técnica no se alcanzan los estratos que garanticen capacidad de carga adecuada. Posteriormente se procederá a la excavación de las zanjas hasta la profundidad indicada para cada uno de los elementos de la cimentación, así como para los diferentes elementos que constituyen la red horizontal de saneamiento.

Cimentación (Ejemplo: Para un Museo)

Dada la naturaleza rocosa del terreno, y a falta de los estudios geotécnicos necesarios, se estima una resistencia del mismo de 4 Kg / cm². En caso de no alcanzar dicha resistencia en la cota prevista, se continuará la excavación hasta la cota de firme que ofrezca dicha resistencia, a no ser que la Dirección técnica estime lo contrario, rehaciendo los

cálculos para la nueva resistencia. La cimentación de los muros de hormigón se realiza a base de zapatas corridas de hormigón armado H-250 con acero AEH-400 N, sobre 10 cm de hormigón de limpieza H-100. La cimentación de los pilares metálicos está formada por enanos de cimentación y zapatas cuadradas del mismo material y con la misma base que las zapatas corridas. La cimentación de la sala de exposición con vistas al acuario está formada por un "vaso" estanco de hormigón armado: losa de cimentación en la base y muros de hormigón en los lados y el fondo. La elección del hormigón H-250 para la cimentación se basa en la necesidad de obtener una cimentación estanca y de gran calidad, dado lo agresivo del medio y la posibilidad de que existan empujes de agua bajo la losa. Además, se evita la posible compresión localizada que se podría producir debido a una gran diferencia entre el hormigón de la cimentación del resto de la estructura. Se ejecutará un drenaje perimetral mediante tubería de PVC, previa imprimación del trasdós con mortero hidrófugo.

Red horizontal de saneamiento

El sistema es de tipo separativo, evacuando de modo independiente las aguas pluviales (evacuadas hacia el mar) y las fecales (bombeadas hacia el alcantarillado, dada la baja cota a la que se sitúa el edificio). La red horizontal estará formada por tuberías de PVC, con pendientes mínimas del 1.5%. Los pozos de registro y las arquetas

serán ejecutados con fábrica de ladrillo, revestidos interiormente, impermeabilizados y registrables mediante tapas de hormigón, con cerco o contra-cerco.

Estructura

La estructura está compuesta de dos sistemas claramente diferenciados

-El cuerpo que alberga los servicios y circulaciones del museo está resuelto estructuralmente con muro de hormigón armado H-250 con acero AEH-400 N, con lo que se refuerza la idea de elemento de protección del museo frente al paseo marítimo. Otra de las razones que marcó la elección de este sistema estructural es la necesidad de abrir grandes huecos no alineados para comunicar ambos cuerpos y circular entre las diferentes "bandejas" de exposición, lo que era más factible con un sistema no basado en elementos lineales (pilares y vigas).

-Los cuerpos del museo y administración están resueltos en estructura metálica realizada a base de perfiles laminados y armados de acero A-42 B, más ligera, frente a la pesadez del otro volumen. Así el edificio se abre hacia las vistas y el mar con grandes huecos rasgados en la planta –2, volcándose hacia el estanque – acuario. La apertura de esos huecos no sería posible con un elemento masivo como el muro de hormigón, y la elección entre estructura reticular metálica o de hormigón se decanta por la primera por su mayor esbeltez y ligereza. Los pórticos metálicos están resueltos con nudos rígidos a base de uniones atornilladas con placa de testa rígida en las vigas. Con este sistema se reduce la sección de las diferentes piezas, aunque a costa del aumento de mano de obra. Todas las uniones de la estructura metálica son atornilladas, evitándose en lo posible la realización de soldadura en obra. Por otro lado, al estar el edificio enterrado por uno de sus lados aprovechando la pendiente natural del terreno, toda esa zona de la que surge el cuerpo de hormigón está resuelta a base de muros de contención de hormigón armado. Los forjados del museo están realizados con losas huecas pretensadas de hormigón armado, que es la mejor solución para salvar los 15 metros de luz entre el pórtico metálico y el muro de hormigón con un canto relativamente reducido. Este sistema de forjados se extiende al resto del museo, excepto en el cuerpo de hormigón en el que los forjados y rampas son losas de hormigón armado que se apoyan en el muro o vuelan desde él.

Cubiertas
Existen tres tipos de cubierta en el museo, todas ellas con una pendiente del 0%
-Cubierta de la zona de cafetería
Está compuesta por una lámina de polietileno clorado armado con fibra de vidrio de 2,2 mm colocada sobre la capa de compresión fratasada del forjado, fieltro sintético geotextil de 200 gr /m², aislamiento en planchas rígidas de

poliestireno extrusionado acanalado por su cara inferior de 35 Kg/m^3 y 3 cm de espesor y soportes regulables en altura de polipropileno mineralizado sobre los que descansa el pavimento a base de baldosas de granito de 150x100x5 cm.

-Cubierta del museo

Está compuesta por una lámina de polietileno clorado armado con fibra de vidrio de 2,2 mm colocada sobre la capa de compresión fratasada del forjado, fieltro sintético geotextil de 200 gr /m^2, aislamiento en planchas rígidas de poliestireno extrusionado acanalado por su cara inferior de 35 Kg/m^3 y 3 cm de espesor sobre el que se coloca un acabado a base de losas prefabricadas de hormigón armado de 5 cm de espesor.

-Cubierta de la zona de circulación del museo

Está compuesta de los mismos materiales que la anterior, pero en lugar del acabado a base de losas de hormigón está rematada con un acabado a base de madera de iroko vasolizada en cámara de vacío colocada sobre rastreles de madera de pino rojo con el mismo tratamiento.

Cerramientos

Tanto el cuerpo principal del museo como el edificio de administración están resueltos con un cerramiento formado por las siguientes capas, desde el interior al exterior:

-Tablero de cartón – yeso de 19 mm con una lámina de aluminio fijada sobre su cara exterior, fijado sobre estructura auxiliar realizada con perfiles conformados de acero galvanizado, y acabado con pintura plástica blanca lisa.

-Manta de fibra de vidrio de 6 cm de espesor colocada entre los dos tableros.

-Tablero aglomerado a base de partículas de madera mineralizada y cemento Portland sin amianto formol ni sílice secado a presión fijado sobre estructura auxiliar realizada con perfiles conformados de acero galvanizado. Acabado en bruto espesor nominal 19 mm.

-Panel prefabricado de hormigón armado de 600x100x12 cm. Transmite su carga vertical hacia los pilares por medio de una "L" rigidizada soldada en taller al soporte, y la carga horizontal se transmite por medio de un anclaje de retención tipo Halfen HKZ-GF. La junta entre paneles es abierta, formándose tras ellos una cámara de aire trasventilada. Las esquinas se resuelven con paneles especiales (de mayor longitud) del modo indicado en los planos de detalles constructivos.

El cerramiento del cuerpo que alberga las circulaciones y servicios del museo se compone de las siguientes capas, desde el interior al exterior:

-Muro estructural de hormigón armado de 30 cm, visto por su cara interior, realizado con encofrado metálico.

-Poliuretano proyectado de 3 cm de espesor

-Acabado en madera de iroko de 150x30x2000 mm vacsolizada en cámara de vacío, fijada con piezas de chapa de acero inoxidable AISI 316 con las características

indicadas en la documentación gráfica, sobre rastreles de madera de pino rojo de 70x40 mm con el mismo tratamiento protector.

Los cerramientos en contacto con el terreno son de dos tipos:

En el cuerpo del museo están compuestos por el muro de contención de hormigón armado acabado al interior con un trasdosado a base de placas de cartón – yeso atornillada a una subestructura de acero galvanizado previamente fijada al muro, y al exterior con un mortero hidrófugo y planchas de poliestireno extrusionado acanalado por su cara interior para facilitar el drenaje.

En el cuerpo de administración el muro de hormigón va visto al exterior en parte su altura, por lo que el aislamiento formado por una manta de fibra de vidrio se dispone en su cara interior entre el trasdosado de cartón – yeso y el muro.

Tabiquería

Los tabiques ordinarios están formados por dos placas de cartón-yeso de 15 mm de espesor (UNE 102.023), atornilladas una a cada lado de una estructura de chapa galvanizada de 70 mm de ancho y un espesor total de tabique terminado de 100 mm, anclada a suelo y techo, con tornillos autoperforantes de acero y montantes cada 600 mm.

Los tabiques de los aseos de administración son del mismo tipo, pero con una manta de fibra de vidrio entre los dos paneles y un acabado hacia el interior del aseo realizado con tableros de fibras de celulosa (tipo Trespa) en color negro.

Los tabiques de los aseos del museo están acabados también con tableros de fibras de celulosa al interior, pero el tablero exterior de cartón – yeso se sustituye por un tablero contrachapado acabado en madera de iroko.

Los tabiques que compartimentan sectores de incendio están compuestos por cuatro placas de cartón - yeso (tipo pladur FOC) de 15 mm de espesor (UNE 102.023), atornilladas dos a cada lado de una estructura de chapa galvanizada de 70 mm de ancho y un espesor total de tabique terminado de 130 mm, anclada a suelo y techo, con tornillos auto-perforantes de acero y montantes cada 600 mm, y una manta de fibra de vidrio entre las dos hojas.

Revestimientos

El pavimento de las zonas de exposición y circulación del museo está realizado con baldosa de granito silvestre de 60x60x3 cm, acabado apomazado, asentado sobre 4 cm de mortero de cemento Portland 1:6.

En las zonas de exposición exterior (cubierta de la zona de cafetería y "acuario") el pavimento es del mismo material, pero en piezas de 150x100x5 cm acabado abujardado colocado sobre soportes regulables de polipropileno mineralizado.

En los aseos y zonas de servicio indicadas en los planos de acabados el pavimento está ejecutado con baldosas de terrazo de 40x40 cm asentadas sobre 4 cm de mortero de cemento Portland 1:6, pulidas y abrillantadas en obra.

En el área de administración, así como en la sala de conferencias, el pavimento está compuesto por linóleo en rollo con junta de silicona sobre pasta auto-nivelante con adhesivo sobre capa de mortero de cemento 1:4.

Todos los falsos techos están ejecutados con placas de cartón – yeso de 13 mm de espesor, según U.N.E. 102-023, atornilladas sobre una estructura oculta de chapa de acero galvanizada, formada por perfiles T/C de 60 mm de ancho cada 40 cm y perfilería "U" de 34x31x34 mm, con tornillos auto-perforantes de acero galvanizado PM-25 mm, y tornillos de acero MM-3,5x9,5 mm.

Los paramentos acabados en tablero de cartón – yeso, excepto en los baños, que como se indica anteriormente están chapados con tablero de fibras de celulosa, están acabados con pintura plástica blanca mate lisa.

Los muros de hormigón de los ascensores están forrados con un tablero contrachapado acabado en iroko fijado sobre rastreles de pino rojo.

Carpintería

Carpintería exterior

Las ventanas tanto fijas como móviles están formadas por perfiles conformados de acero inoxidable AISI 316 acabado pulido mate, vidrio 6+6/12/4+4, junquillos de chapa plegada de acero inoxidable AISI 316 pulido mate y láminas de neopreno de celda cerrada de 0.5 cm de espesor para evitar el puente térmico.

La carpintería de la sala con vistas al interior del acuario está realizada con perfiles armados de acero inoxidable AISI 316 acabado pulido mate, polimetacrilato de metilo de 100 mm de espesor, junquillos a base de perfiles armados de acero AISI 316 pulido mate y láminas de neopreno de celda cerrada de 0.5 cm de espesor.

Las puertas exteriores acristaladas están realizadas con perfiles huecos rectangulares de acero inoxidable AISI 316 acabado pulido mate, vidrio 6+6/12/4+4, junquillos a base de perfiles huecos de acero inoxidable AISI 316 pulido mate y láminas de neopreno de celda cerrada de 0.5 cm de espesor.

Las puertas de emergencia están realizadas con perfiles perimetrales huecos rectangulares de acero galvanizado, tablero DM y chapa exterior de acero galvanizado, imprimado y pintado con pintura intumescente negra, acabada al exterior con piezas de madera de iroko de 15x3x120 cm igual a la de la fachada.

Carpintería interior

Las puertas de paso están formadas por un bastidor perimetral de madera pino rojo, alma de tablero DM macizo y acabada con chapa de iroko de 1 mm barnizada en mate.

El cerco es también de madera de iroko. Detalle según memoria de carpintería.

Las puertas que han de tener una especial resistencia al fuego están formadas por un bastidor perimetral de madera pino rojo, alma de tablero DM macizo y acabada con chapa de acero galvanizado, imprimado y acabada con pintura intumescente negra. Detalle según memoria de carpintería.

Instalaciones

Fontanería

Está compuesta por la red de distribución de agua fría a los puntos de consumo, con los diámetros y el trazado de la red especificado en los planos de instalaciones. Canalizaciones de polipropileno reticulado aislado con coquilla de poliuretano.

La red de distribución discurrirá en general por los falsos techos.

Toda tubería habrá de separarse más de 30 cm de cualquier conducción eléctrica. La tubería de agua caliente siempre discurrirá a nivel superior a la de agua fría, separada al menos 4 cm.

La descripción del sistema se detalla en la memoria de fontanería.

Saneamiento

El sistema es separativo, con un sistema de evacuación independiente para pluviales y fecales.

El material utilizado en las conducciones es PVC mineralizado, lo que reduce el nivel de ruido producido.

La descripción del sistema se detalla en la memoria de saneamiento.

Electricidad

La instalación constará de todos los elementos especificados en los planos adjuntos.

Los cables serán de hilo de cobre vulcanizado bajo tubo flexible. La instalación contará con los sistemas normales de protección y puesta a tierra.

Las conducciones discurrirán en general por el falso techo.

Dada la complejidad de cálculo que un edificio de esta entidad conlleva en lo que concierne a su instalación eléctrica, las secciones que se indican en el esquema unifilar adjunto son sólo una indicación aproximada.

La descripción del sistema se detalla en la memoria de electricidad.

Climatización

El sistema de climatización está formado por una batería centralizada de bombas de calor que proporcionan agua fría o caliente a los climatizadores, los propios climatizadores, los conductos de distribución de aire y las bocas de impulsión y retorno, junto con la serie de sondas de temperatura y demás complementos de la instalación. Los climatizadores se disponen del siguiente modo: uno en el mismo cuarto que las bombas de calor, encargado del acondicionamiento de los locales destinados a uso administrativo; y dos más en el museo, encargados de la climatización de las áreas de exposición. Éstos últimos captan el aire de renovación y expulsan el viciado por unos conductos abiertos al exterior por detrás del acabado de madera de iroko de la fachada, donde la cámara de aire está totalmente ventilada a través de las juntas abiertas entre las piezas de madera.

El sistema propuesto es de caudal variable y temperatura constante, de tipo individual en el edificio de administración y zonal en el museo, de modo que en cada local del área administrativa se puede regular el caudal de aire mediante un sistema de compuertas en las bocas de impulsión, y en el museo mediante otro sistema de unidades de caudal variable para cada planta del museo.

Urbanización

El pavimento de los espacios exteriores que conforman las terrazas indicadas en los planos, así como el espacio público en torno a la entrada del museo está ejecutado con baldosas de granito silvestre de 60x30x3 cm, acabado abujardado, colocado sobre capa de mortero de cemento Portland 1:6 y arena de miga, 15 cm de grava y el terreno compactado.

Los caminos que conectan las citadas terrazas están formados por una losa de 15 cm de hormigón armado H-250 con mallazo de acero electrosoldado AEH-500T y armado superficial de fibras de polipropileno. Acabado pulido.

Los caminos que forman el recorrido que bordea la costa atravesando el dique de cierre del acuario están realizados con tablones de madera de iroko asentados sobre una cama de 15 cm de arena, y con las juntas rellenas con tierra vegetal.

Los bancos están formados por un elemento prismático corrido de hormigón armado, con un recubrimiento de madera de iroko sobre rastreles en la zona de asiento.

La iluminación se realiza con luminarias poste cilíndricas de acero inoxidable AISI 316, integradas algunas de ellas en el citado banco de hormigón.

Compactación del terreno

La compactación de suelos es el proceso artificial por el cual las partículas de suelo son obligadas a estar más en contacto las unas con las otras, mediante una reducción del índice de vacíos, empleando medios mecánicos, lo cual se traduce en un mejoramiento de sus propiedades ingenieriles.

La importancia de la compactación de suelos estriba en el aumento de la resistencia y disminución de la capacidad de deformación que se obtiene al someter el suelo a técnicas convenientes, que aumentan el peso específico seco, disminuyendo sus vacíos. Por lo general, las técnicas de compactación se aplican a rellenos artificiales tales como

cortinas de presas de tierra, diques, terraplenes para caminos y ferrocarriles, bordes de defensas, muelles, pavimentos, etc.

Beneficios de la compactación

a. Aumenta la capacidad para soportar cargas: Los vacíos producen debilidad del suelo e incapacidad para soportar cargas pesadas. Estando apretadas todas las partículas, el suelo puede soportar cargas mayores debido a que las partículas mismas que soportan mejor.

b. Impide el hundimiento del suelo: Si la estructura se construye en el suelo sin afirmar o afirmado con desigualdad, el suelo se hunde dando lugar a que la estructura se deforme produciendo grietas o un derrumbe total.

c. Reduce el escurrimiento del agua: Un suelo compactado reduce la penetración de agua. El agua fluye y el drenaje puede entonces regularse.

d. Reduce el esponjamiento y la contracción del suelo: Si hay vacíos, el agua puede penetrar en el suelo y llenar estos vacíos. El resultado sería el esponjamiento del suelo durante la estación de lluvias y la contracción del mismo durante la estación seca.

e. Impide los daños de las heladas: El agua se expande y aumenta el volumen al congelarse. Esta acción a menudo causa que el pavimento se hinche, y a la vez, las paredes y losas del piso se agrieten. La compactación reduce estas cavidades de agua en el suelo.

Los métodos empleados para la compactación de suelos dependen del tipo de materiales con que se trabaje en cada caso; En la práctica, estas características se reflejan en el equipo disponible para el trabajo, tales como: plataformas vibratorias, rodillos lisos, neumáticos o patas de cabra.

Rodillos compactadores
Compactador de suelo
El Compactador de Suelos Caterpillar 815F se caracteriza por ruedas con diseño de pata apisonadora y patrón de doble bisel para lograr la tracción, penetración y compactación necesarias para alta producción. Se ofrece una hoja esparcidora de relleno opcional.

Especificaciones detalladas

Compactador de rellenos sanitarios

El Compactador 816F Caterpillar para rellenos sanitarios combina potencia, movilidad y comodidad del operador para un alto rendimiento en actividades de compactación en rellenos sanitarios. Una construcción robusta y un fácil mantenimiento ofrecen una vida prolongada a bajos costos de operación.

Vibratorio de suelo

El Cs-323c tiene un tren de energía durable del gato, un sistema hidráulico y vibratorio field-proven, una producción que realza opciones, y un sistema más grande y más dedicado del mundo del distribuidor de ayuda para asegurar funcionamiento y valor máximos de la compactación.

El Cs-563d es un compresor vibratorio del suelo de la alta producción usado en el material granular, semi-cohesivo que ofrece el peso, los caballos de fuerza y la fuerza centrífuga para resolver especificaciones de la densidad rápidamente. La anchura del tambor de 2134 milímetros (84") proporciona la cobertura para los trabajos grandes. Un sistema vibratorio de la amplitud dual y el sistema excéntrico patentado del peso permite al operador adaptar el funcionamiento de la compactación de la máquina a las especificaciones del trabajo. El más, el Cs-563d ofrece la bomba dual propulsa el sistema que proporciona clasificabilidad industria-que conduce y esfuerzo tractivo al trabajar en cuestas o en material suave. Los usos típicos incluyen la compactación del trazador de líneas del terraplén, la construcción de la carretera y de la calle, la preparación de la instalación industrial, la construcción del aeropuerto, sitios de edificio grandes y operaciones grandes del trenching.

Vibratorios de asfalto

El gato Cb-224d es un compresor utilidad-clasificado, doble del asfalto del tambor que ofrece un radio que da vuelta apretado, una maniobrabilidad fácil y una comodidad excelente del operador. El Cb-224d se puede utilizar como el único compresor en trabajos clasificados pequeños o como rodillo suplementario en trabajos grandes del tamaño. Su altas amplitud y anchura del tambor le hacen un compresor excelente para los hombros, las porciones pequeñas del estacionamiento o las adiciones del carril. El Cb-214 ofrece dos modos vibratorios que permitan que el operador adapte la operación de máquina al trabajo.

Uso del asfalto

Es una sustancia negra, pegajosa, sólida o semisólida según la temperatura ambiente; a la temperatura de ebullición del agua tiene consistencia pastosa, por lo que se extiende con facilidad. Se utiliza para revestir carreteras, impermeabilizar estructuras, como depósitos, techos o tejados, y en la fabricación de baldosas, pisos y tejas. No se debe confundir con el alquitrán, que es también una sustancia negra, pero derivada del carbón, la madera y otras sustancias. El asfalto se encuentra en depósitos naturales, pero casi todo el que se utiliza hoy es artificial, derivado del petróleo. Para pavimentar se emplean asfaltos de destilación, hechos con los hidrocarburos no volátiles que permanecen después de refinar el petróleo para obtener gasolina y otros productos. En la fabricación de materiales para tejados y productos similares se utilizan los asfaltos soplados, que se obtienen de los residuos del petróleo a temperaturas entre 204 y 316 °C. Una pequeña cantidad de asfalto se craquea a temperaturas alrededor de los 500 °C para fabricar materiales aislantes. El asfalto natural se utilizaba mucho en la antigüedad. En Babilonia se empleaba como material de construcción. En el Antiguo Testamento, en los libros del Génesis y el Éxodo, hay muchas referencias a sus propiedades impermeabilizadoras como material para calafatear barcos.

Los depósitos naturales de asfalto suelen formarse en pozos o lagos a partir de residuos de petróleo que rezuman hacia la superficie a través de fisuras en la tierra. Entre ellos destacan el lago Asfaltites o mar Muerto, en Palestina; los pozos de alquitrán de La Brea, en Los Ángeles, en los cuales se han encontrado fósiles de flora y fauna prehistóricas; el lago de la Brea, en la isla de Trinidad, y el lago Bermúdez, en Venezuela. También se aprovechan los depósitos de rocas asfálticas o rocas impregnadas de asfalto. Otro tipo de asfalto de importancia comercial es la gilsonita, que se encuentra en la cuenca del río Uinta, al suroeste de Estados Unidos, y se utiliza en la fabricación de pinturas y lacas. El asfalto es muy utilizado para la pavimentación de carreteras, es un material negro bituminoso que suele obtenerse a partir del petróleo crudo. Se aplica uniformemente sobre la superficie de la carretera y se apisona para alisarlo. Los materiales asfálticos se conocen y han sido utilizados en la construcción de caminos y edificios desde la antigüedad. Los primeros asfaltos eran naturales y se encontraban en estanques y lagos de asfalto; en la actualidad provienen de los residuos del petróleo refinado. El asfalto que es derivado negro o castaño oscuro del petróleo, es diferente del alquitrán, que es el residuo de la destilación destructiva de la hulla. El asfalto consta de hidrocarburos y sus derivados y es completamente soluble en disulfuro de carbono (CS2). Es el residuo del petróleo, después de extraer, por refinación o destilación, los componentes más volátiles. Se le conoce con el nombre popular de chapopote. El asfalto es de naturaleza coloidal. Lo componentes de más alto peso molecular constituyen la fase dispersa (micelas) y los componentes de bajo peso molecular constituyen la fase continua (intermicelar). Los asfaltenos constituyen la fracción del asfalto que permanece disuelta cuando se precipitan los asfaltos en la solución disolvente. En el asfalto no diluido, los maltenos forman un aceite viscoso, castaño oscuro. Los porcentajes de asfaltenos y maltenos presentes en el asfalto se pueden determinar en un disolvente dado y se deben definir en términos de ese disolvente a fin de que tengan sentido. Por ejemplo, en la tabla 1.1 se muestran los componentes fraccionales el asfalto después de diluirlo 100 veces con n-pentano. Describiendo la estructura del coloide, las resinas circundan en forma inmediata a los asfaltenos y los aceites rodean a ese compuesto. Dado que es difícil determinar las diferentes proporciones de hidrocarburos presentes en el asfalto, se usa la relación entre el número de átomos de carburo y el número de átomos de hidrógeno (relación C/H) para caracterizar la composición química de las fracciones del asfalto. La relación da una indicación del grado de saturación de la mezcla de hidrocarburos y se puede correlacionar con las propiedades de los diferentes asfaltos. Según el grado de aromaticidad de los maltenos y la naturaleza de la concentración de los asfaltenos, se pueden formar dos tipos de estructuras: 1) Asfalto tipo sol, en los

cuales las micelas del asfalto se mueven libremente entre sí; 2) Asfalto tipo gel, en el cual las micelas, por atracción mutua, forman una estructura en toda la masa bituminosa. Los asfaltos tipo sol tienen alta ductilidad, gran susceptibilidad a los cambios de temperatura, su elasticidad no puede medirse y tiene un elevado desarrollo de resistencia con el tiempo. Los asfaltos tipo gel tienen baja ductibilidad, baja susceptibilidad a los cambios de temperatura, su elasticidad no puede medirse y tiene un bajo desarrollo de resistencia con el tiempo. Hay un tipo de asfaltos llamados medianos que tiene una estructura intermedia entre sol y gel.

TABLA 1.1		Componentes de un asfalto diluido	
FRACCION	**PESO MOLECULAR**	**C/H**	**CANTIDAD, %**
ASFALTENOS	1000	9-10	10-20
MALTENOS:			
a. RESINAS	800	8	10
b. ACEITES	600	6	70-80

Asfalto para la construcción

Por sus propiedades de resistencia al agua y su durabilidad, el asfalto se utiliza en muchas aplicaciones en la construcción. Para proteger contra humedad y para impermeabilización contra agua (con una o varias capas), se utilizan tres tipos de asfalto: Tipo A, un material blando, adhesivo, que fluye fácil, para aplicaciones subterráneas o en otras aplicaciones a temperaturas moderadas; Tipo B, un asfalto menos susceptible, para usarlo en aplicaciones sobre el nivel del suelo, pero donde las temperaturas no excedan 125ºF; Tipo C, para aplicaciones sobre el nivel del suelo; puede ser en superficies verticales expuestas a la luz solar directa u otras áreas en que las temperaturas excedan los 125ºF. Los asfaltos y productos d asfalto tienen un amplio uso para impermeabilizar techos. El asfalto se utiliza como aglutinante entre capas en los techados y para impregnación de los fieltros, rollos y tejas. Debe tenerse cuidado en no mezclar el asfalto y alquitrán, o sea, colocar capas de asfalto sobre fieltro saturado de alquitrán o viceversa, a menos que se revise su compatibilidad. Por sus cualidades impermeables y su durabilidad el asfalto se emplea en construcción para impedir el paso del agua, amortiguar vibraciones y expansiones y servir como pavimento.

Conclusión

Es Asombrosa la diversidad de usos que posee el asfalto.

Es un material muy importante dentro de la construcción civil y debe ser considerado en todo momento.

Las principales características del asfalto son su durabilidad, su resistencia al deslizamiento, su flexibilidad, su maleabilidad, su trabajabilidad, su uso económico, su impermeabilidad, etc., característica, ésta última, que más se ha desarrollado en los últimos años convirtiendo a Venezuela en uno de los principales países exportadores y fabricantes de este tipo de productos.

Los productos asfálticos para impermeabilización, desarrollados en nuestro país, han evolucionado vertiginosamente en los últimos 10 años, llegando a formar uniones entre el asfalto y otros materiales que optimizan la impermeabilidad, flexibilidad y durabilidad del producto.

Un producto que ha existido entre nosotros desde que el mundo es mundo y que con el pasar de los años y el venir de las olas tecnológicas ha ido evolucionando a la par de las necesidades del hombre y de la construcción civil.

Cimentaciones y planos

La base sobre la que descansa todo el edificio o construcción es lo que se le llama cimientos. Rara vez estos son naturales. Lo más común es que tengan que construirse bajo tierra. La profundidad y la anchura de los mismos se determinan por calculo, de acuerdo con las características del terreno, el material de que se construyen y la carga que han de sostener. El plano de cimentación interesa también fundamentalmente desde el punto de vista de su construcción. De ahí que se delineen atendiendo nada más que a su forma y disposición. La representación más sencilla consiste en el trazado de las líneas exteriores de los cimientos y de su eje, que es también el de las paredes que descansan sobre ellos. El eje se delinea para facilitar el replanteo de los cimientos sobre el terreno, el cual se utiliza como guía para apertura de las zanjas. Es frecuente añadir a la planta de cimientos la representación con líneas de trazos, del ancho de las paredes que apoyan sobre ella. Las variantes que pueden darse suelen ser en la representación de las paredes: representación solo parcial en los ángulos, representación por medio de tramados, etc.

Contenido de un plano

- Indicar límites de terreno.
- Indicar ejes principales o constructivos en ambos lados.

- Indicar cotas parciales, acumulativas y totales.
- Indicar banco de nivel.
- Indicar banco de trazo.
- Indicar ángulos internos de ejes principales.
- Indicar curvas de nivel del terreno natural.
- Indicar el perfil del terreno natural.
- Indicar el perfil del proyecto al nivel del firme.
- Un corte longitudinal.
- Un corte transversal.
- Detalles de cimientos: planta y sección a la misma escala.
- Cuadro de simbología.
- Escala gráfica y numérica.
- Tabla de especificaciones.
- Norte.
- Membrete.

Definición

La cimentación es la parte estructural del edificio, encargada de transmitir las cargas al terreno, el cual es el único elemento que no podemos elegir, por lo que la cimentación la realizaremos en función del mismo. Al mismo tiempo este no se encuentra todo a la misma profundidad por lo que eso será otro motivo que nos influye en la decisión de la elección de la cimentación adecuada. La finalidad de la cimentación es sustentar estructuras garantizando la estabilidad y evitando daños a los materiales estructurales y no estructurales. Los problemas que se presentan en la cimentación de un edificio o una estructura pueden dividirse en:

Estudio del material que forma el terreno en que se construirá el edificio.

Estudio realizado en el laboratorio de mecánica de suelos.

Un cimiento es aquella parte de la estructura que recibe la carga de la construcción y la transmite al terreno por medio del ensanchamiento de su base. La base sobre la que descansa todo el edificio o construcción es lo que se le llama cimientos. Rara vez estos son naturales. Lo más común es que tengan que construirse bajo tierra. La profundidad y la anchura de los mismos se determinan por calculo, de acuerdo con las características del terreno, el material de que se construyen y la carga que han de sostener.

Clasificación de cimentaciones

Estas pueden ser superficiales, profundas y especiales.

-Superficiales

Son superficiales cuando transmiten la carga al suelo por presión bajo su base sin rozamientos laterales de ningún tipo. Un cimiento es superficial cuando su anchura es igual o mayor que su profundidad. engloban las zapatas en general y las losas de cimentación. Los distintos tipos de cimentación superficial dependen de las cargas que sobre ellas recaen.

-Puntuales, zapatas aisladas, aislada, centrada, combinada, medianera, esquina.

-Lineales, zapatas corridas, bajo muro, bajo pilares, bajo muro y pilares.

-Superficiales, losas de cimentación.

Ejemplos:

· Zapata corrida de concreto reforzado.

· Cimentación corrida de concreto ciclópeo. Zapatas comunes o combinadas.

· Losa de cimentación

-Profundas: Son profundas aquellas que transmiten la carga al suelo por presión bajo su base, pero pueden contar, además, con rozamiento en el fuste.

Ejemplos:

· Cimentación a base de pilotes

· Pilas o cajones

· Cilindros de cimentación

Generalmente, toda construcción sufre un asentamiento en mayor o menor grado, el cual dependiendo de lo adecuado que haya sido el estudio de la mecánica de suelo y la cimentación escogida. No obstante, un asentamiento no causara mayores problemas cuando el hundimiento sea uniforme y se hayan tomado las debidas precauciones para ello. Sin embargo, en las cimentaciones aisladas y en las corridas, con frecuencia aparecen hundimientos

diferenciales más pronunciados en el centro de la construcción. Esto se debe principalmente a la presencia de los bulbos de presión y a la costumbre generalizada de mandar mayores cargas en la parte central de la edificación. Por lo anterior, resulta más conveniente cargar el edificio en los extremos que en el centro y diseñar la cimentación de tal manera que esta permanezca muy bien ligada entre sí,

Procurando siempre que los ejes de cimentación se encuentren suficientemente alejados, con lo cual se evitara que los bulbos de presión se encimen unos con otros y provoquen sobre fatigas en el suelo. Si el peso de la construcción hace que las zapatas empiecen a juntarse, es mejor optar por la cimentación corrida o losa de cimentación. Cuando el peso de un edificio es muy grande, al grado que el terreno es ya incapaz de soportarlo, será entonces necesario recurrir a los pilotes, pilas o cajones, para transmitir la carga a otros estratos más profundos y resistentes del suelo, lo cual se logra con la fricción a lo largo del pilote (pilotes de fricción), o bien con pilotes que transmitan la carga a un estrato o manto con mayor capacidad soportante (pilotes de punta apoyados en capa resistente.

Cimentaciones superficiales

Los cimientos superficiales son aquellos que descansan en las capas superficiales del suelo, las cuales son capaces de soportar la carga que recibe de la construcción por medio

de la ampliación de base. El material más empleado en la construcción de cimientos superficiales es la piedra (básicamente tratándose de construcciones ligeras), en cualquiera de sus variedades siempre y cuando esta sea resistente, maciza y sin poros. Sin embargo, el concreto armado es un extraordinario material de construcción y siempre resulta más recomendable.

-Cimiento ciclópeo:

En terrenos cohesivos donde la zanja pueda hacerse con parámetros verticales y sin desprendimientos de tierra, el cimiento de concreto ciclópeo es sencillo y económico.

El procedimiento para su construcción consiste en ir vaciando dentro de la zanja piedras de diferentes tamaños al tiempo que se vierte la mezcla de concreto en proporción 1:3:5, procurando mezclar perfectamente el concreto con las piedras, de tal forma que se evite la continuidad en sus juntas.

-Cimientos de concreto armado:

Los cimientos de concreto armado se utilizan en todos los terrenos pues, aunque el concreto es un material pesado, presenta la ventaja de que en su cálculo se obtienen, proporcionalmente, secciones relativamente pequeñas si se les compara con las obtenidas en los cimientos de piedra.

-Cimentaciones corridas:

Es un tipo de cimiento de hormigón o de hormigón armado que se desarrolla linealmente a una profundidad y con una anchura que depende del tipo de suelo. Se utiliza primordialmente para transmitir adecuadamente cargas proporcionadas por estructuras de muros portantes. Se usa también para cimentar muros de cerca, muros de contención por gravedad, para cerramientos de elevado peso, etc. Las cimentaciones corridas no son recomendables cuando el suelo es muy blando.

Esfuerzos de terreno (qs)

Para esfuerzos de terreno menores a 1 kg/cm^2: se estimará un peso propio del cimiento corrido en el orden de 10% de la descarga.

Para esfuerzos de terreno mayores a 1 kg/cm^2, pero menor a 2 kg/cm^2: se estimará un peso propio de cimiento corrido en el orden del 8% de la descarga.

Para esfuerzos de terreno mayores a 2 kg/cm^2: se estimará un peso propio de cimiento corrido en el orden de un 6% de la descarga.

Es importante que los cimientos sean concéntricos con los muros que soportan, con esto se evita sobrecargar uno de los bordes a resultas de la excentricidad producida. Cuando un muro tenga adosado un pilar o un contrafuerte, el cimiento debe ensancharse al llegar al mismo con un vuelo por lo menos igual al correspondiente del muro.

Está formada por concreto ciclópeo, el cual es 40% piedra bola y el 60% de concreto. Este tipo de cimentación es comúnmente utilizado en casas habitación y es la que recibe la carga de la súper-estructura transmitiéndola al terreno.

Detalle 1:

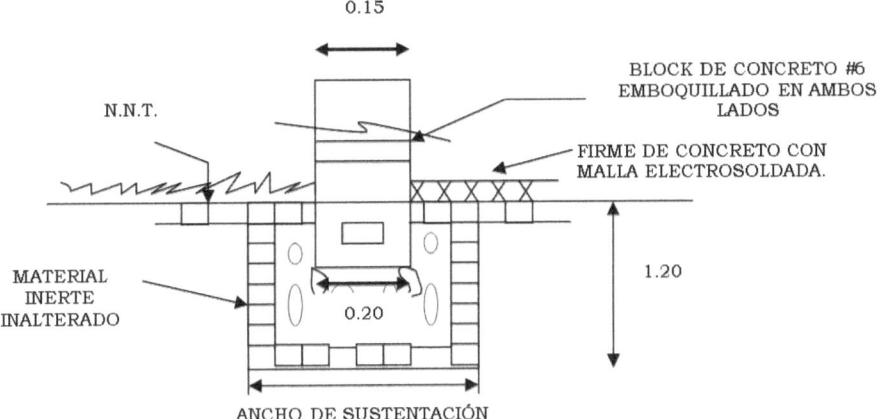

0.15

BLOCK DE CONCRETO #6
EMBOQUILLADO EN AMBOS
LADOS

N.N.T.

FIRME DE CONCRETO CON
MALLA ELECTROSOLDADA.

MATERIAL
INERTE
INALTERADO

1.20

0.20

ANCHO DE SUSTENTACIÓN

Contra-cimiento de concreto armado reforzado con 4 varillas #3 y estribos del #2 espaciados a 4 cm, amarrados con alambre recocido calibre #8.

Relleno con grava cementado, suelo cemento, tepetate a piso. Mada en sepas o capas de 20 cm de espesor con sistema de riego a mano.

Concreto ciclópeo: 40% de piedra brasa y 60% de proporción 1: 5:2.

Recomendaciones: se deberá mojar la piedra brasa para que no absorba la humedad del mortero, de la misma forma debe de humedecerse el fondo de la excavación evitando que se formen charcos.

Cuando la profundidad de la cimentación corrida es más de 1 m se recomienda utilizar otro tipo de cimentación. El ancho mínimo de esta cimentación suele ser de 50 cm, ya que es muy difícil para el trabajador excavar un ancho menor, y se recomienda que a mayor profundidad este sea más ancho.

-Cimentación por zapatas: En general son de planta cuadrada, pero en la proximidad de los lindes suelen hacerse rectangulares o circulares cuando los útiles de excavación dejan los pozos de esta forma. Se hacen de hormigón armado para que sean capaces de distribuir fuertes cargas en una superficie importante. Esta solución será satisfactoria mientras las zapatas no se junten demasiado; de ocurrir esto será mejor la cimentación corrida. Está formada por concreto armado, esto quiere decir que está conformada por concreto y acero, el cual debe ir armado según los cálculos de las cargas que reciba dicha cimentación. Este tipo de cimentación se utiliza en obras grandes en las cuales debido al área de construcción y al terreno, no se pueden utilizar las cimentaciones corridas. Las zapatas pueden ser de hormigón en masa o armado con planta cuadrada o rectangular como cimentación de soportes verticales pertenecientes a estructuras de edificación, sobre suelos homogéneos de estratigrafía sensiblemente horizontal.

Las zapatas aisladas para la cimentación de cada soporte en general serán centradas con el mismo, salvo las situadas en linderos y medianeras, serán de hormigón armado para firmes superficiales o en masa para firmes algo más profundos. De planta cuadrada como una opción general. De planta rectangular, cuando las cuadradas equivalentes queden muy próximas, o para regularizar los vuelos en los casos de soportes muy alargados o de pantallas. Como nota importante hay que decir que se independizaran las cimentaciones y las estructuras que estén situados en terrenos que presenten discontinuidades o cambios sustanciales de su naturaleza, de forma que las distintas partes del edificio queden cimentadas en terrenos homogéneos. Por lo que el plano de apoyo de la cimentación será horizontal o ligeramente escalonado suavizando los desniveles bruscos de la edificación. La profundidad del plano de apoyo o elección del firme, se fijará en función de las determinaciones del informe geotécnico, teniendo en cuenta que el terreno que queda por debajo de la cimentación no quede alterado, pero antes para saber qué tipo de cimentación vamos a utilizar tenemos que conocer el tipo de terreno según el informe geotécnico.

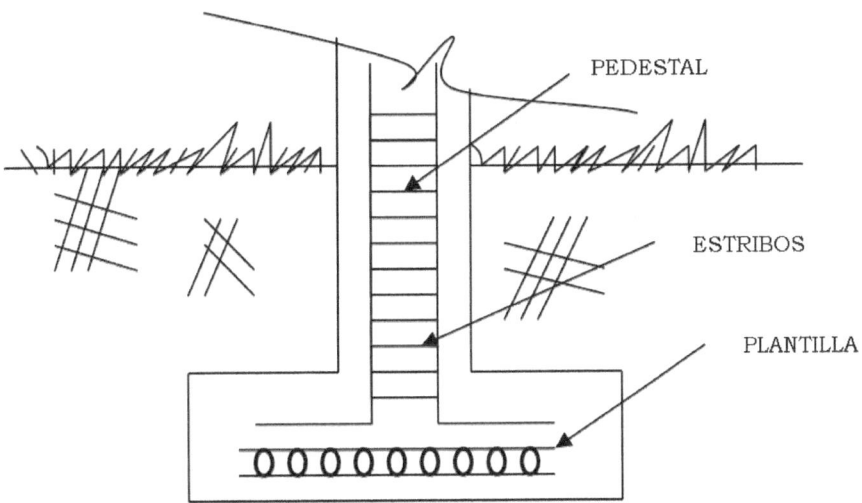

-Zapatas aisladas: Es aquella zapata en la que descansa o recae un solo pilar. Encargada de transmitir a través de su superficie de cimentación las cargas al terreno. Una variante de la zapata aislada aparece en edificios con junta de dilatación y en este caso se denomina "zapata ajo pilar en junta de diapasón". La zapata no necesita junta pues al estar empotrada en el terreno no se ve afectada por los cambios térmicos, aunque en las estructuras sí que es normal además de aconsejable poner una junta cada 30mts aproximadamente, en estos casos la zapata se calcula como si sobre ella solo recayese un único pilar. Importante es saber que además del peso del edificio y las sobrecargas, hay que tener también en cuenta el peso de las tierras que descansan sobre sus vuelos.

-Zapata aislada cuadrada: La zapata aislada comúnmente se utiliza para transportar la carga concentrada de una columna cuya función principal consiste en aumentar el área de apoyo en ambas direcciones. En general, su construcción se aconseja cuando la carga de la columna es aproximadamente 75% más baja que la capacidad de carga admisible del suelo. Se recomienda que la zapata aislada deberá emplearse cuando el suelo tenga una capacidad de carga admisible no menor de 10000 kg/m^2, con el fin de que sus lados no resulten exageradamente grandes. Él cálculo de estas zapatas se basa en los esfuerzos críticos a que se encuentran sometidas, pero su diseño lo determinan el esfuerzo cortante de penetración, la compresión de la columna sobre la zapata, el esfuerzo de flexión producido por la presión ascendente del suelo contra la propia zapata, los esfuerzos del concreto en el interior de la zapata, así

como el deslizamiento o falta de adherencia del acero con el concreto.

-Zapata aislada rectangular: Las zapatas aisladas rectangulares son prácticamente iguales a las cuadradas; ambas trabajan y se calculan en forma similar y se recomiendan en aquellos casos donde los ejes entre columnas se encuentran limitados o demasiado juntos. Por su forma rectangular presenta dos secciones criticas distintas para calcular por flexión. En zapatas que soporten elementos de concreto, será el plomo vertical tangente a la cara de la columna o pedestal en ambos lados de la zapata. En zapatas aisladas rectangulares en flexión en dos direcciones, el refuerzo paralelo al lado mayor se distribuirá uniformemente.

-Zapata aislada descentradas: Las zapatas aisladas descentradas tienen la particularidad de que las cargas que sobre ellas recaen, lo hacen en forma descentrada, por lo que se producen unos momentos de vuelco que habrá de contrarrestar. Pueden ser de medianería y de esquina. Las formas de trabajo se solucionan y realizan como la zapata aislada con la salvedad de la problemática que supone el que se produzcan momentos de vuelo, debido a la excentricidad de las cargas. Algunas de las soluciones para evitar el momento de vuelco seria utilizando una viga centradora o bien vigas o forjados en planta primera. Utilizando viga centradora, está a través de su trabajo a flexión, tiene la misión de absorber el momento de vuelco de la zapata descentrada. Deberá tener gran inercia y estar fuertemente armada. Con vigas o forjados en planta primera, para centrar la carga podemos recurrir a esta opción. La viga o forjado deberá dimensionarse o calcularse para la combinación de la flexión propia más la tracción a la que se ve sometida con el momento de vuelco inducido por la zapata.

-Zapatas corridas: Las zapatas corridas pueden ser bajo muros, o bajo pilares, y se define como la que recibe cargas lineales, en general a través de un muro que, si es de hormigón armado, puede transmitir un momento flector a la cimentación. Son cimentaciones de gran longitud en comparación con su sección transversal. Las zapatas corridas están indicadas cuando:

Se trata de cimentar un elemento continuo

Queremos homogeneizar los asientos de una alineación de pilares y nos sirve para arrostramiento.

Queremos reducir el trabajo del terreno.

Para puentear defectos y heterogeneidades del terreno.

Por la proximidad de las zapatas aisladas, resulta más sencillo realizar una zapata corrida.

-Zapata corrida de concreto armado para apoyos aislados:

Cuando la cimentación está diseñada para una estructura formada por apoyos aislados (columnas) y la resistencia del terreno no tiene gran capacidad de soporte, serán más adecuada la zapata corrida para unir dos o más columnas. Dichas columnas podrán mandar a la zapata cargas simétricas, lo que dará como resultado una zapata de ancho uniforme. Cuando las cargas son asimétricas, la zapata tendrá anchos distintos para transmitir al terreno una fatiga uniforme. La zapata se soluciona dándole una forma trapezoidal, pero presenta dificultad en sus armados lo que hace que no resulte practica desde el punto de vista constructivo. El cimiento se debe construir más fácilmente calculando la zapata como aislada, con su área correspondiente para cada apoyo, uniendo ambas zapatas con la contratrabe. Esta solución presenta la ventaja de tener únicamente dos medidas en su armado principal.

La contratrabe juega un papel importante en las zapatas corridas, pues de no emplearla sería necesario recurrir a un espesor muy grande en la placa o losa de la zapata para evitar la falla por flexión o por cortante producida por la reacción del terreno. Estas contratrabes le dan rigidez a la zapata y soportan, además, los esfuerzos de flexión producidos por la reacción del terreno.

Losa de cimentación

Consiste en soportar todo el edificio sobre una losa de hormigón armado, extendida a una superficie tal que tomando la carga total que transmite el edificio y dividiéndola por ella no solicite al suelo bajo un esfuerzo mayor que el de su capacidad portante admisible. Para edificios pequeños el espesor de losa esta entre 15 y 22.5 cm; y para edificios mayores se usan espesores de 22.5 a

37.5 cm. Cuando son insuficientes otros tipos de cimentación o se prevean asientos diferenciales en el terreno, aplicamos la cimentación por losas. En general, cuando la superficie de cimentación mediante zapatas aisladas o corridas es superior al 50% de la superficie total del solar, es conveniente el estudio de cimentación por placas o losas. También es frecuente su utilización cuando la tensión admisible del terreno es menor de 0.8 kg/cm².

Una losa de cimentación es entonces un elemento estructural de hormigón armado cuyas dimensiones en planta son muy elevadas; define un plano normal a la dirección de soportes.

Cimentación flotante

Cuando la capacidad portante del suelo es muy pequeña y el peso del edificio importante, puede suceder que el solar de que disponemos no tenga superficie como para albergar una losa que distribuya la carga; en tal caso es posible construir un cimiento que flote sobre el suelo.

Cimentaciones profundas

Las cimentaciones profundas se encargan de transmitir las cargas que reciben de una construcción a mantos resistentes más profundos; son profundas aquellas que transmiten la carga al suelo por presión bajo su base, pero pueden contar, además, con rozamiento en el fuste; las clasificamos en:

Pilotes.

Cilindros.

Cajones.

Cimentación por pilotes

En ocasiones, cuando comenzamos a realizar la excavación para la ejecución de obra, podemos encontrarnos diversas dificultades para encontrar el estrato resistente o firme donde queremos cimentar. O simplemente se nos presenta la necesidad de apoyar una carga aislada sobre un terreno sin firme, o difícilmente accesible por métodos habituales.

Los cimientos, a fin de distribuir la carga, pueden extenderse horizontalmente, pero también pueden desarrollarse verticalmente hasta alcanzar estratos más bajos capaces de soportarla. En estos casos se recurre a la solución de cimentación profunda, que se constituye por medio de muros verticales profundos de hormigón, los muros pantalla o bien a base de pilares hincados o perforados en el terreno, denominados pilotes. Un pilote es un soporte, normalmente de hormigón armado, de una gran longitud en relación a su sección transversal, que puede hincarse o construirse "in situ" en una cavidad abierta en el terreno. Los pilotes son columnas esbeltas con capacidad para soportar y transmitir cargas a estratos más resistentes o de roca, o por rozamiento en el fuste. Por lo general, su diámetro o lado no es mayor de 60 cm. Constituye un sistema constructivo de cimentación profunda al que denominaremos cimentación por pilotaje. Los pilotes son necesarios cuando la capa superficial o suelo portante no es capaz de resistir el peso del edificio o bien cuando esta se encuentra a gran profundidad; también cuando el terreno está lleno de agua y ello dificulta los trabajos de excavación. Con la construcción de pilotes se evitan edificaciones costosas y volúmenes grandes de cimentación. Los pilotes pueden alcanzar profundidades superiores a los 40 m., teniendo una sección transversal de 2-4 m., pudiendo gravitar sobre ellos una carga de 2000 ton. Los pilotes deben recibir fuerzas longitudinales de compresión, ya que las cargas por flexión producen deformaciones mayores con alto grado de peligrosidad; sin embargo, en ocasiones deberán tomarse en cuenta otras solicitaciones de cargas horizontales como viento y sismo. Una excentricidad por pequeña que sea provoca cambios importantes en los esfuerzos de los pilotes. La capacidad de estos para soportar las cargas dependerá de la resistencia desarrollada entre ellos y el subsuelo.

De acuerdo con su función de trabajo, los tipos de pilotes son:

Pilotes apoyados en manto resistente.

Pilotes trabajando por fricción del fuste con el suelo.

Una combinación de ambos, es decir, por apoyo directo en la capa resistente y por rozamiento sobre una parte de su longitud empotrada.

Los pilotes deberán agruparse abajo y alrededor de cada elemento de carga, procurando obtener siempre un apoyo que sea lo más rígido posible. No se aconseja apoyar el elemento de carga solo sobre uno de los pilotes, ya que durante su hincado podrá quedar desplazado de su posición original y ocasionar una flexión por excentricidad de la carga. Asimismo, los pilotes se pueden distribuir en una zapata cuadrada, rectangular, circular, hexagonal, etc., de tal manera que coincida la resultante de cargas con la de los pilotes, permitiendo que entre ellos se encuentre una separación no menor de 1.25 m o tres diámetros entre sus centros. La capacidad de carga de un pilote se reduce cuando este trabaja en un conjunto de pilotes; además, está sujeto a cargas excéntricas y, quizás, a fuerzas de levantamiento que producen deformaciones indeseables. Este es un detalle que siempre debe tenerse presente, así como la separación entre los pilotes para evitar la influencia de tensiones entre ellos. Los bulbos de presión se sobreponen cuando los pilotes se colocan muy juntos, causando fatigas excesivas y hundimientos en el terreno.

Los procedimientos que se emplean para el hincado de pilotes, por lo general, son cinco:

- Con martinete o martillo de vapor
- Acción sencilla. Acción reciproca
- Por chorro de agua. Hidráulico
- Barrenando el terreno

· Excavando a mano

Los pilotes pueden tener gran diversidad de formas, longitud, unión en sus tramos y procedimientos de hincado; asimismo, los hallamos de sección circular, cuadrada, hexagonal, octagonal, etc.

La perforación que tienen los pilotes a lo largo de sus tramos sirve para saber, con seguridad, si este se conservara o no vertical a la hora del hincado; además, el orificio central sirve para colocar un refuerzo de acero capaz de absorber esfuerzos de flexión, tensión y cortante.

Los pilotes que se usan más son los prefabricados de concreto, los de concreto armado, los de concreto comprimido, los de acero, los preforzados, y en menor proporción, los de madera. Todos ellos pueden hincarse desde una profundidad de 3 a 40 m; en caso de requerirse una profundidad mayor, se pueden formar con tramos de 1 m o de mayor longitud que al soldarse quedan como pilotes de una sola pieza. La capacidad de carga de un pilote depende de muchos factores, como propiedades del suelo, peso del martillo, frecuencia del golpe, nivel freático, etc., de tal manera que es difícil determinar su capacidad portante si antes no se hace una prueba de carga. Dicha prueba consiste en cargarle al pilote un peso conocido que determine su capacidad y su asentamiento en el suelo.

La eficacia de un pilote depende de:

El rozamiento y la adherencia entre el suelo y el fuste del pilote.

La resistencia por punta, en el caso de transmitir compresiones. Ante posibles esfuerzos de tracción, se puede ensanchar la parte inferior del pilote, de forma que trabaje el suelo superior.

La combinación de las dos anteriores.

El empleo de cimentaciones mediante pilotaje está indicado en los siguientes casos:

Cuando la carga transmitida por las estructuras no puede ser distribuida en el terreno de forma uniforme mediante el empleo de sistemas de cimentación directa como zapatas o losas.

Cuando el nivel del firme no puede ser alcanzado de forma sencilla o se encuentra a gran profundidad.

Cuando los estratos superiores del terreno son poco consistentes hasta cotas profundas, contienen gran cantidad de agua o bien se necesita cimentar por debajo del nivel freático.

Cuando se prevea que los estratos inmediatos a la superficie de cimentación pueden determinar asientos imprevisibles de cierta importancia.

Si se quiere reducir o limitar los posibles asientos de la edificación.

En presencia de grandes cargas y concentradas.

Si las distintas capas superficiales de los terrenos pueden sufrir variaciones estacionales como hinchamientos, retracciones, etc.

En edificaciones sobre el agua.

Forjados

Los forjados constituyen elementos constructivos superficiales planos, resistentes (función estructural), y generalmente horizontales.

FUNCIONES	ARQUITECTÓNICAS	DIVISIÓN EL ESPACIO EN VERTICAL
	ESTRUCTURALES	SOPORTE DE CARGAS
		RIGIDEZ
		MONOLITISMO
		ENCADENADO
	CONSTRUCTIVAS HABITABILIDAD	AISLAMIENTO TÉRMICO
		AISLAMIENTO ACÚSTICO
		PROTECCIÓN CONTRA INCENDIOS
		SOPORTE DE PAVIMENTO O DE LA COBERTURA
		DEFINIR EL TECHO O SOPORTAR EL FALSO TECHO
		ALBERGAR INSTALACIONES

Función arquitectónica

Subdividir el espacio verticalmente generando diversos planos de utilización.

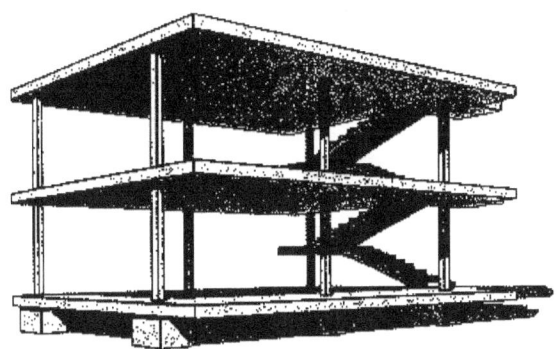

Estructura prefabricada de viviendas Dominó. Le Corbusier 1914.

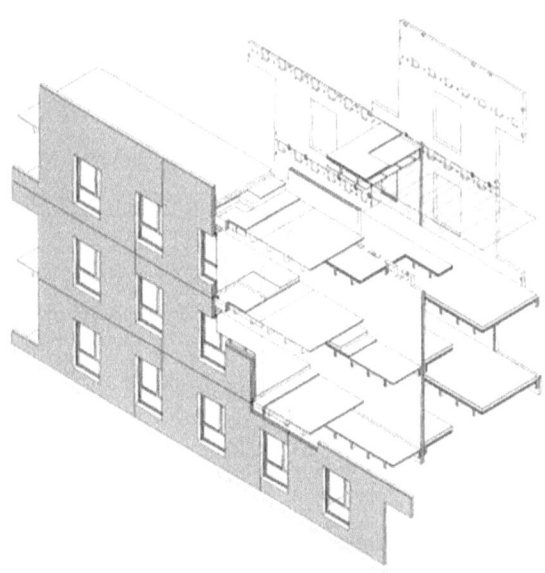

Estructura de hormigón prefabricado

Función estructural

-Resistir las cargas y sobrecargas correspondientes a su uso, con el adecuado coeficiente de seguridad.

-No sobrepasar determinadas deformaciones ni vibraciones.

Transmitir las cargas verticales a través de los pilares hasta la cimentación y el terreno.

Constituir pantallas para compatibilizar deformaciones horizontales.

Constituir los diafragmas de rigidización HORIZONTAL de los elementos estructurales verticales, con la consiguiente reducción de la longitud de pandeo de pilares.

Para cumplir todas estas funciones estructurales se deben satisfacer tres condiciones:

A) Rigidez a flexión

B) Monolitismo

C) Encadenado

MONOLITISMO

Aunque el forjado esté constituido por diversos componentes todos ellos se enlazan de forma monolítica constituyendo una única pieza que en general se consigue con la construcción de una losa de compresión de espesor suficiente (4cm).

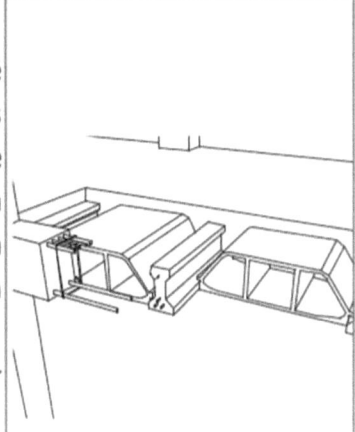

ENCADENADO

Se garantiza la transmisión de esfuerzos horizontales entre los distintos tramos estructurales horizontales. Para ello, todo forjado deberá rematarse perimetralmente con zunchos o vigas de borde.

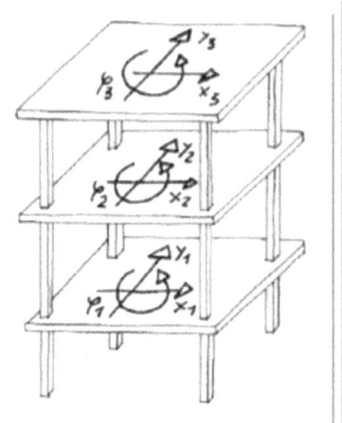

Función constructiva. Habitabilidad

Como elemento constructivo deberá responder adecuadamente a los siguientes apartados:

a) Aislamiento térmico.

b) Aislamiento acústico.

c) Comportamiento ante el fuego.

d) Soporte de pavimento o de la cobertura.

e) Definir el techo o soportar el falso techo.

f) Albergar instalaciones.

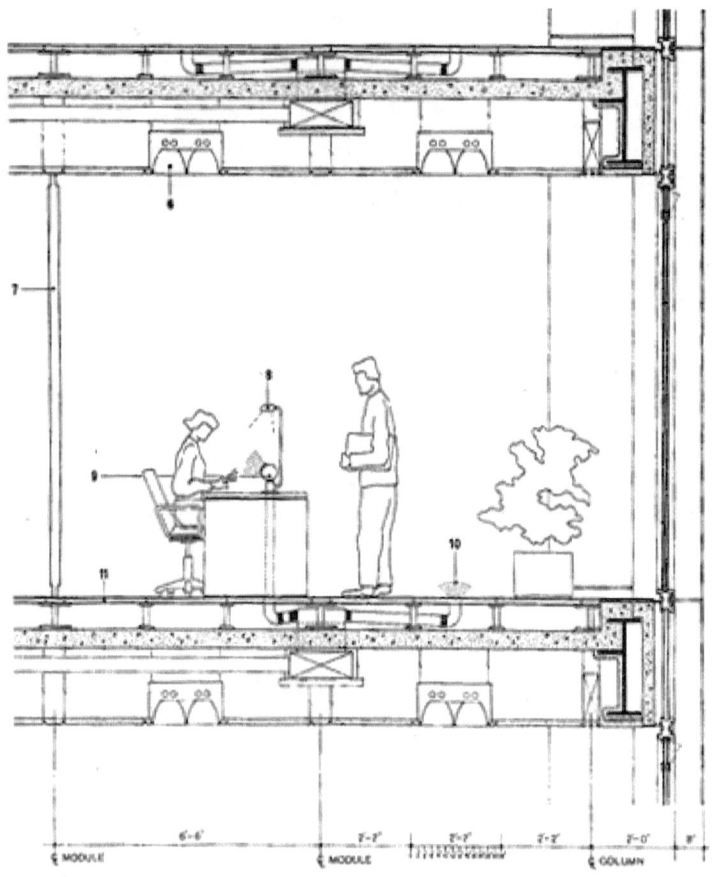

Aislamiento térmico

Objetivos:

a) Lograr un ahorro energético.

b) Garantizar el confort térmico de los usuarios.

c) Mejorar la durabilidad del edificio.

¿Cómo se cumplen?

1) Coeficiente de transmisión global del edificio kg resultante de la media ponderada de los coeficientes de transmisión de todos los elementos de separación con el exterior.

2) Coeficiente de transmisión de cada uno de los distintos elementos de separación con el exterior.

La resistencia térmica R será el valor inverso de K.

3) Adecuada composición constructiva.

Aislamiento acústico

Objetivos

Proteger a los usuarios de un recinto de niveles de ruido excesivos, ya procedan del exterior como de otros recintos del mismo edificio.

Comportamiento ante el fuego

El objetivo es confinar y controlar el fuego en sectores de incendios configurados por elementos constructivos para permitir la evacuación.

Se establece el comportamiento ante el fuego de:

a) Materiales.

b) Elementos constructivos.

Comportamiento ante el fuego de los materiales. Clases:

M0	Material no combustible ante la acción térmica.
M1	Material combustible pero no inflamable, lo que implica que su combustión no se mantiene cuando cesa la aportación de calor desde un foco exterior.
M2	Material combustible con inflamabilidad moderada.
M3	Material combustible con inflamabilidad media.
M4	Material combustible con inflamabilidad alta.

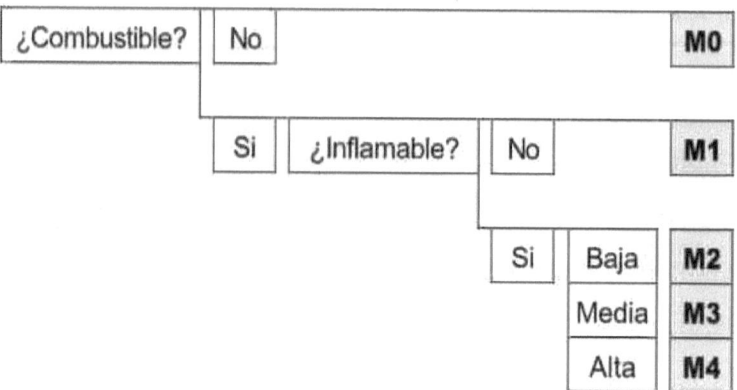

El Comportamiento ante el fuego de los elementos constructivos se caracteriza por el tiempo durante el cual dicho elemento mantiene las condiciones siguientes:

a) Estabilidad o capacidad portante.

b) Ausencia de emisión de gases en la cara no expuesta.

c) Estanqueidad al paso de llamas o gases calientes.

d) Resistencia térmica suficiente para impedir que se produzcan en la cara no expuesta temperaturas superiores a las que se establecen en la norma UNE 23.093

1. Cuando se exija estabilidad al fuego (EF) será aplicable la condición a).

2. En el caso de parallamas (PF) serán aplicables las condiciones a), b), c).

3. En el caso de resistencia a fuego (RF) todas las condiciones.
La escala de tiempos es de 15, 30, 60, 90, 120, 180 y 240 minutos.

RF es exigible a los elementos constructivos, EF es exigible a la estructura.

La estabilidad al fuego de un forjado es función del uso del recinto inferior del mismo y de la máxima altura de evacuación del edificio.

Cuando el forjado separe sectores de incendio, su RF será al menos igual a la EF exigible.

Conductos

Los conductos abiertos, no solamente son todas las corrientes naturales y canales artificiales, sino también todas las formas de conductos cerrados que escurren parcialmente llenos. Todos los conductos abiertos, considerados en un aspecto general, pueden ser clasificados como sigue:

-Conductos artificiales.

Escurrimiento uniforme.

Escurrimiento no uniforme o variado.

-Conductos o cauces naturales.

-Conductos ratifícales, escurrimiento uniforme.

En este caso, la condición de escurrimiento constante será tomada en cuenta, para que la cantidad de agua que pasa por cualquier sección de la corriente sea constante.

Para hacer uniforme el escurrimiento, todas las secciones transversales deben ser idénticas en forma y superficie, necesitándose en cada sección un tirante constante y una velocidad media constante.

En estas condiciones, la superficie del agua es paralela al fondo, y ambas tienen un ángulo de inclinación, con la horizontal.

La inclinación de la superficie como la pendiente del conducto, y se expresa como sigue:

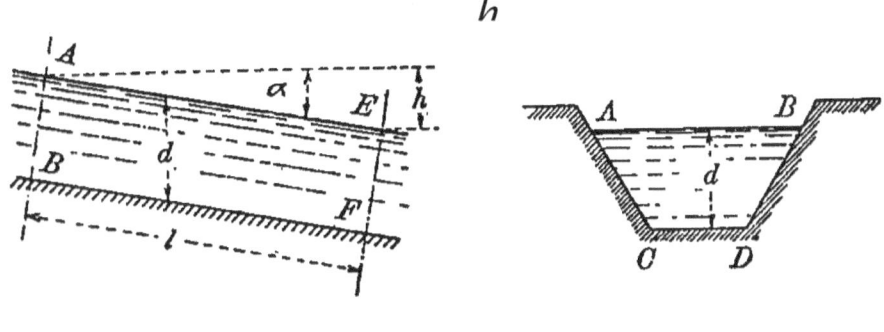

Fig. 1

Es obvio que el que tenga el perímetro mojado más pequeño tendrá la velocidad más alta del escurrimiento en consideración a la menor resistencia de fricción. La relación del área del perímetro mojado, por lo tanto, es un factor importante en la cantidad de escurrimiento y por eso se le da el nombre de radio hidráulico o tirante medio hidráulico.

Radio hidráulico = R = área / perímetro.

Se puede considerar al agua entre dos secciones cualesquiera, AB y EF, como un prisma sólido que tiene un movimiento uniforme hacia el canalón inclinado que atraviesa el conducto o cauce.

Las fuerzas que producen a la dificultad en el movimiento son: su peso Awl, las presiones de los extremos P1 y P2 y la resistencia a la fricción Pf, que ofrecen las paredes del conducto. (Fig. 2).

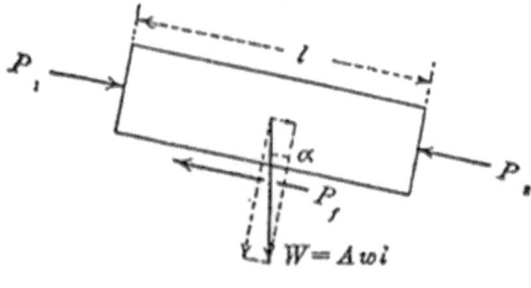

Fig. 2

Las fuerzas P1 y P2 son iguales, porque representan las presiones sobre áreas iguales con carga de presión igual. Como la componente del peso de prisma ,W, a lo largo de la línea del movimiento es Awl sen α , y el movimiento es uniforme, se tiene:

$$Awl = sen\ \alpha = P_f$$

Si F representa el valor de la resistencia de fricción por unidad de área de superficie de frotación, se tiene que:

$$P_f = Fl \times Perímetro\ mojado = Fl\frac{A}{R},$$

La ecuación anterior también puede ser expresada de la siguiente forma:

$$F = \frac{Awl\ sen\alpha}{Al}R, \quad o \quad F = WRS \qquad (1\text{-}1)$$

El conocimiento sobre la fricción del fluido, muestra que F varía aproximadamente con v^2, y esa aproximación se representa el exponente de v. Si se considera que:

$$F = CV^2$$

En donde C es una constante cuyo valor depende del revestimiento del conducto, la EC. (1-1) puede expresarse por:

$$V = C\sqrt{RS} \qquad (1\text{-}2)$$

en la que C ha sustituido a $\sqrt{\dfrac{W}{C}}$. *Esta fórmula se conoce como* la fórmula de Chezy.

En la derivación antes dada, cesó todo tratamiento regularmente racional del problema a considerar que F= CV^2. sobre esta relación ya antes se ha visto que únicamente es aproximada, y si fuera estrictamente cierto, el coeficiente C en la fórmula de Chezy sería constante para cualquier conducto en particular, variando únicamente con la rugosidad de su revestimiento, pero los experimentos muestran que este no es el caso, y que C varía también con R. Es probable que C varíe con la fórmula de la sección transversal, pero en qué grado, no se conoce.

Distribución de la presión en la sección de un canal.

La presión de cualquier punto de una sección transversal del flujo en un canal de pendiente pequeña, se puede medir por la altura de la columna de agua en un tubo piezométrico instalado en el punto (Fig. 3).

Eliminando disturbios menores debido a la turbulencia, etc. es aparente que esta columna de agua debiera alzarse desde el punto de medida hasta la línea del gradiente hidráulico o la superficie del agua.

De este modo la presión en cada punto de la sección, es directamente proporcional a la profundidad del punto debajo de la superficie libre e igual a la presión hidrostática correspondiente a esta profundidad.

En otras palabras, la distribución de presión sobre la sección transversal de un canal es la misma que la distribución de presión hidrostática; es decir, la distribución es lineal y puede representarse por una línea recta AB (Fig. 3 a).

Esto se conoce como la ley hidrostática de la distribución de presión.

Estrictamente hablando, la aplicación de la ley hidrostática a la distribución de presión en la sección transversal de un canal escurriendo es válida solamente si los filamentos del flujo no tienen componentes de aceleración en el plano de la sección transversal.

Este tipo de flujo es conocido teóricamente como flujo paralelo, es decir, que las líneas de corriente no tienen curvatura tangencial ni divergencia.

Consecuentemente, no hay componentes apreciables de la aceleración normales a la dirección del flujo que podrían deformar la distribución hidrostática de la presión en la sección transversal del flujo paralelo. En problemas actuales, el flujo uniforme es prácticamente flujo paralelo. Flujo gradualmente variado puede ser también considerado como flujo paralelo, ya que el cambio en la profundidad del

flujo es tan suave que las líneas de corriente no tienen curvatura apreciable ni divergencia. Por lo tanto, para propósitos prácticos. La ley hidrostática de distribución de presión es aplicable al flujo al flujo gradualmente variado, así como al uniforme. Si la curvatura de las líneas de corriente es importante, el flujo se conoce teóricamente cono flujo curvilíneo. El efecto de la curvatura consiste en producir componentes apreciables de aceleración o fuerzas centrífugas normales a la dirección del flujo. Así, la distribución de la presión sobre la sección se aparta de la hidrostática si ocurre flujo curvilíneo en el plano vertical. Dicho flujo curvilíneo puede ser convexo o cóncavo. En ambos casos, la distribución no lineal de la presión representada por AB' en vez de la distribución recta AB que podría ocurrir si el flujo es paralelo. Se supone que todas las líneas de corriente son horizontales en la sección considerada.

En el flujo cóncavo, las fuerzas centrífugas apuntan hacia abajo para reforzar la acción de gravedad; por lo tanto, la presión resultante es menor que la resultante presión hidrostática de un flujo paralelo.

Similarmente, cuando las divergencias de las líneas de corriente son suficientemente grandes para desarrollar componentes apreciables de la aceleración normales al flujo, la distribución hidrostática de la presión será, en consecuencia, afectada.

Uso de Maderas

Introducción

La madera en su estado natural ofrece limitaciones que se refieren principalmente a la susceptibilidad de ser atacada por organismos vivos que la pueden destruir.

Debemos tener muy en cuenta que la madera no es un material de construcción, fabricado a propósito por el hombre, sino que es un material obtenido del tronco y las ramas de los árboles y por tanto es propenso a sufrir de transformaciones y enfermedades.

En este trabajo he tratado de investigar y recopilar datos acerca de los defectos, enfermedades, tratamientos, transformaciones que sufre la madera y que detallo a continuación.

Defectos de la madera

Se llaman defectos, los cambios del aspecto exterior de la madera, las alteraciones en la integridad de los tejidos y membranas celulares, en la irregularidad de su estructura y los deterioros de la madera que reducen su calidad y limitan las posibilidades de su empleo. Los defectos de la madera de procedencia mecánica que surgen en ella durante la tala, el transporte, la clasificación y el maquinado, se llaman defectos por daño.

Los defectos de la madera se subdividen en los grupos siguientes:

Nudos, fendas, defectos en la forma del tronco, defecto en la estructura de la madera, coloración química, ataques producidos por los hongos, ataques producidos por los insectos, así como daño y deformaciones. Cada grupo de vicios se subdivide en tipos de variedades.

Nudos

Los nudos son las bases de las ramas encerradas entre la madera del tronco. La madera de los nudos se destaca por su color más oscuro y tiene un sistema independiente de capas anales. Estos nudos hacen difícil el trabajo de la madera, y son sueltos, puede desprenderse dejando huecos.

Clasificación de los nudos

Según la disposición mutua los nudos se clasifican en Dispersos, Agrupados y Ramificados. Cualquiera de los nudos que están situados separadamente y a una distancia entre ellos a lo largo del surtido que supera su ancho, se llama dispersos. Los nudos redondos, ovalados y de arista que se encuentran en cantidad de dos o más en un mismo trozo del surtido, se llama agrupados.

Dos nudos oblongos de un mismo verticilo o un nudo oblongo en combinación con otro nudo ovalado independientemente que no presente entre ellos el tercero, se llaman ramificados.

Fendas

Las fendas representan rupturas de la madera a lo largo de las fibras.

Clasificación de las fendas

Las fendas se subdividen en fendas de corazón partido (estrellado), de heladura (atronadura), de desecación o de merma y en acebolladuras (colainas).

Fendas de corazón partido

Las grietas internas de dirección radial en el duramen o la madera razonada que parte de corazón y tiene gran extensión a lo largo del surtido. Estas fendas surgen en el árbol creciente y aumentan en el tronco talado en el proceso de su desecado. Las fendas de corazón estrellado en la madera en rollo sólo las hay en los topes, en la madera aserrada puede encontrarse tanto en los topes, como en la superficie lateral.

Las fendas de heladura

Son grietas exteriores dirigidas radialmente que pasan de la madera de albura al duramen y tienen una extensión considerable a lo largo de surtido. En la madera aserrada se encuentra en forma de grietas radiales larga cerca de la cual se ensanchan y se encorvan las capas anuales; estas fendas tienen las paredes oscuras cubiertas de resina.

Las fendas de desecación

Son grietas de dirección radial que surgen en la madera cortada bajo la acción de las tensiones internas en el proceso de su desecación. Se diferencian de las fendas de heladura de corazón partido por una menor extensión a lo largo del surtido y una menor profundidad. Todas las variedades de fendas, sobre todo las pasantes, alteran la integridad de la madera, y en algunos casos reducen su, resistencia mecánica.

Defectos de la forma del tronco

Son defectos de la forma del tronco el descenso demasiado del grosor; el aumento brusco de la coz, las excrecencias y la curvatura. El descenso demasiado grosor es la disminución paulatina del espesor de la madera aserrada no es cuadrada en toda su longitud. El descenso demasiado grosor aumenta la cantidad de desechos durante el aserrado y desenrollo de la madera.

Defectos de la estructura de la madera

Cualquier irregularidad en la madera que afecte a su resistencia o durabilidad es un defecto. A causa de las características naturales del material, existen varios defectos inherentes a todas las maderas, que afectan a su resistencia, apariencia y durabilidad. Entre los defectos de la estructura de la madera figuran: inclinación de las fibras, excentricidad del corazón, madera de tiro, fibra torcida, rizos, ojos u ocelos, bolsas de resina, corazón doble, hijuelo, madera seca, sector intermedio, cáncer y manchas, etc. Estos defectos dificultan el maquinado (aserrado y él desenrollo), de la madera y aumenta la cantidad de desechos, reduce la resistencia a la flexión y la resistencia a la tracción; aumenta la desecación a lo largo de las fibras, provocando con esto el agrietamiento y disminuye la absorción de agua por la madera y con esto dificulta su impregnación, así como empeora el aspecto exterior de la madera.

Corazón descentrado

Defecto que se encuentra en los árboles que crecieron en acusadas pendientes, en un terraplén o en límites de bosques con fuertes vientos.

La corteza intermedia

Se produce en aquellos troncos que se sueldan entre sí, o al nivel de las horcaduras. (La corteza intermedia debe eliminarse al serrarse).

Fibra torcida

Se dice que un árbol tiene fibra torcida, cuando presenta esa característica y tiende a alabearse con cierta facilidad. Seguramente su causa habrá sido el estar sometido el árbol a fuertes vientos que obligaron a su tronco a torcerse.

Fibras corroídas

O mejor madera corroída, aquella que presenta ciertas rayas blancas provocadas por la presencia de hongos que se han infiltrado a través de alguna grieta en el tronco y que tiene por consecuencia la decadencia del árbol.

Descolorido

Se produce por la excesiva madurez de la madera y también provoca la decadencia de la misma. Se nota por la aparición de manchas rojas o pardas.

Deformaciones de la madera

Entre la deformación de la madera figura el alabeo que representa un encorvamiento de la madera aserrada durante su labra, secamiento o almacenamiento. El alabeo altera la forma de la madera aserrada, dificulta su uso según la destinación, el maquinado y el corte a medida.

Enfermedades de la madera

La madera es destruida por varios agentes, contra cuya acción es necesario luchar. Por pudrición de la madera, se entiende la descomposición de los elementos químicos que entran a formar parte de la savia, por la acción de los hongos. Se distinguen dos clases de pudrición la llamada pudrición azul y la blanca. La pudrición azul aparece en los árboles ya apeados, al tenerlos sin descortezar demasiado tiempo. Recibe este nombre, porque, sobre todo en el pino, la albura se azulea intensamente. En otras especies, toma otros colores; así en la encina toma un color pardo, en el abeto es rojo, etc. Si esta pudrición no está avanzada, puede utilizarse la madera, con tal de aserrarla prontamente y emplearla en sitios secos y aireados. La pudrición blanca es seca, ya que la madera se va transformando en una masa clara y blanda, harinosa y se suele observar cuando la madera ha estado en contacto con mortero húmedo. Existen varios procedimientos para la preservación de la madera contra esta enfermedad, tales como el barnizado previo con aceite de linaza, pinturas al óleo, alquitrán, isol, y otros muchos productos; impregnación con creosota, sales metálicas (sulfato de cobre, cloruro de zinc, sublimado corrosivo), quedando la madera más dura y pesada. Otra de las enfermedades de la madera es el enmohecimiento, por la cual la madera es atacada por hongos, que la destruyen totalmente, sobre todo si se extiende rápidamente. Se caracteriza por una serie de erupciones que van apareciendo en la madera, con aspecto blanquecino. Esta enfermedad se desarrolla cuando la madera está en sitios húmedos. El moho que se produce descompone los elementos químicos de la celulosa, desprendiéndose agua en dicha descomposición y por lo tanto el proceso de humedad se acelera a sí mismo. Suele aparecer el primer síntoma de esta enfermedad cuando se descubren ciertos puntos negros con moho, a veces con manchas amarillentas. Golpeando la madera, se obtiene un sonido

apagado, y se arquea con pequeño esfuerzo. Produce el enmohecimiento, un característico olor húmedo. Generalmente ataca, en las vigas, por las partes que quedan en obra, si hay cerca estufas o en lugares expuestos a la humedad. De ello se desprende el que la prevención contra esta enfermedad consista en procurar que la madera se emplee en lugares y condiciones en que no se favorezca el medio de vida de estos hongos. Si ya ha sido atacada, un procedimiento eficaz es someterla a un chorro de aire calentado a temperaturas mayores de 60º (que no pueden soportar los hongos0, quitar toda la parte enferma y enlucir bien con cemento. La carcoma ataca principalmente a la albura y son larvas de insectos, que pusieron sus huevos en el árbol. Estas larvas construyen galerías, a veces sin salida al exterior, por lo que sólo son denunciadas por el característico ruido que hacen al roer la madera. Se preserva contra esta enfermedad barnizando isol, carbolíneo y otros productos y una vez atacada, inyectando las galerías con ácidos fuertes, vapor de bencina, etc. También la madera es atacada por ciertas hormigas llamadas termitas, si bien en nuestro país no son frecuentes ni numerosas sus destructoras plagas. El escarabajo llamado anobio y la polilla, también son enemigos de la madera, atacando más bien a la madera ya vieja que a la nueva. Contra la acción del fuego, no se ha descubierto hasta la fecha una inmunidad adecuada. Hay varios procedimientos para aminorar su vulnerabilidad contra su

acción, como el acepillado muy fino de la madera, revestir la superficie con amianto, el barnizado con ciertos productos, como son las soluciones de fosfatos y boratos. Revestir la madera con enfoscados, yesos, etc., suele también dar buenos resultados.

Tratamiento de la madera

La madera es un material utilizado en múltiples aplicaciones en la industria del mueble, decoración, construcción, etc. La madera requiere un recubrimiento que sea a la vez protector y decorativo. Protector, por cuanto que es un material con tendencia a dilataciones y contracciones, absorbe agua y suciedad, se pudre con facilidad por el ataque de microorganismos y manipulación y uso le afectan rápidamente. Decorativo para aumentar la belleza de la madera, aprovechando las posibilidades del color natural, veteado brillo, etc., y acentuándolos para cada tipo, ya que por sí el producto puede parecer pálido y carente de vida

Las maderas se pueden dividir en dos grandes grupos. Las especies porosas de grano

abierto y las no porosas o lisas.

Las primeras poseen largas células porosas. Al cortar los tablones el poro queda abierto. El dibujo puede alterarse y mejorarse según el sentido del corte.

Las principales maderas de este tipo son: el roble, el nogal, la caoba, el álamo y el Castaño.

Las no porosas como el arce, el haya, abedul, cerezo, poseen poros muy pequeños. Además, las maderas de coníferas como el pino amarillo, pino blanco, cedro, abeto y ciprés, por poner ejemplo, son también del tipo no porosos. Dentro de las porosas existe un tipo que son las maderas grasientas, que merecen especial consideración a la hora de su barnizado. Las maderas para la fabricación de muebles deben secarse hasta alcanzar un nivel óptimo de humedad mediante un secado a estufa. Un bajo contenido de humedad conduce a hinchamientos y alabeos y, por el contrario, si es alto se comba o se agrieta. Para que los acabados no se vean seriamente afectados, el contenido de humedad óptimo es de 5 al 10%. En la operación del secado del recubrimiento aplicado a la madera, el calentamiento de la misma a una temperatura próxima a 60°C. durante unos pocos minutos, puede alterar este equilibrio.

En la actualidad, existen diferentes opciones a la madera, como el tablero de aglomerado recubierto de papel impregnado (diferentes tipos), las piezas auxiliares del mueble como apliques, plafones, etc. Hacen más complejo el exponer un sistema barnizado universal. Por lo que aconsejamos consultar con el departamento técnico al proceso más adecuado para cada tipo de soporte, por ser múltiples los existentes en el mercado. En cualquier caso, es aconsejable realizar ensayos previos.

Curado de la madera

Secado de la madera

La madera verde, recién cortada contiene un alto porcentaje de humedad. Las paredes de las células se encuentran saturadas y liberan el agua retenida en las cavidades de la célula. El secado de la madera es aquel proceso en virtud del cual se elimina el agua libre y una gran proporción del agua absorbida por las paredes de las células. Conforme se seca la madera el agua abandona las cavidades de la célula hasta que tan sólo las paredes de las células son cuando comienza la contracción. La pérdida de agua se detiene al alcanzar el equilibrio con la humedad relativa del entorno. A esto se le denomina equilibrio higroscópico. Es de vital importancia que el proceso de secado se lleve a cabo correctamente para evitar la aparición de tensiones en el interior de la madera y asegurar que el equilibrio higroscópico se encuentra en el nivel apropiado para evitar problemas de dilatación y contracción.

Secado al aire libre

El sistema tradicional para el secado de la madera es el secado al aire libre, en él se amontonan las tablas de madera sobre listones, apilados con separaciones hasta de 45cm. Normalmente estas pilas de madera se ubican separadas del piso y en lugares resguardados de la lluvia y del sol. El paso del aire a través de las pilas las va secando progresivamente.

Secado artificial

La madera que vaya a ser utilizada en interiores necesita un contenido máximo de humedad entre el 8% y el 10%, sino menor, dependiendo del lugar y la ubicación final. Este proceso se toma como su ubicación final. Este proceso se toma como adicional al secado natural y tan solo demora unos días. Las piezas de madera se apilan y se introducen en unos hornos por los cuales circula una mezcla muy precisa de vapor y aire caliente. La madera secada por debajo del nivel de humedad del ambiente, intentará recuperarla hasta lograr, si se le deja expuesta mucho tiempo al aire libre, el equilibrio higroscópico. Al horno calentándose a 75ºC durante seis días, una ventaja de este proceso es la velocidad de secado. Tiene, en cambio, el inconveniente de que la madera tiende a agrietarse.

Secado mixto

En el proceso mixto, intervienen ambos métodos de secado; una vez que por secado natural se ha llegado a reducir el grado de humedad contenida en la madera, entonces se procede a secarla artificialmente, para darle ya el grado necesario.

Estabilidad

Cuando una madera se seca, se contrae. Y fruto de esta contracción puede cambiar o "moverse". Por lo general la contracción se da más intensamente a lo largo de los anillos de crecimiento. Este movimiento de contracción puede provocar algunas distorsiones, ya que cuando se presentan en algunas tablas anillos de crecimiento más largos unos que otros, como el caso de la madera cortada tangencialmente, la contracción en los anillos más largos es mayor que en los anillos cortos, entonces se producen ciertos curvamientos.

Protección superficial

Al ser la madera un ser vivo, evoluciona y muere presentando una vida más corta, que los demás materiales de construcción, por lo que debe ser protegida. Entre estos tratamientos tenemos: Inyección, pintura y carbonización.

Tratamiento de la madera mediante preservante
Absorción de líquidos en un proceso de impregnación
Para lograr introducir la solución preservante a la madera se requiere que el lumen de las células de la madera esté vacío. Al proceso de llenado de las células con líquido se le llama absorción y ésta es la cantidad de líquido que se puede introducir a la madera. Esta característica depende de la especie y zona del árbol. Por ejemplo, la absorción en pino insigne es de 400 $1/m^3$ tanto en albura como en duramen, esto lo convierte en una especie fácil de impregnar. En eucalipto en cambio la absorción en albura y duramen es de 80 $1/m^3$, por lo que no se impregna. El pino Oregón presenta una absorción de 180 $1/m^3$ en albura y 30

$1/m^3$ en duramen, por lo tanto, es una especie no apta para recibir tratamiento de impregnación.

Preservante

Los preservantes son productos químicos de efectividad comprobada que se aplica a la madera para protegerla contra el ataque de hongos, insectos, bacterias y taladradores marinos. La formación de preservantes más ampliamente usados en el ámbito mundial son los productos CCA, gracias a su capacidad de fijación en la madera, a la facilidad de aplicación y a su efectividad. La durabilidad de la madera tratada con CCA alcanza por sobre los 20 años, dependiendo de su uso y de la cantidad de preservante que le fue impregnada. Muchos de los postes tratados con CCA de tendido eléctrico y telefónico, instalados en zonas de alta humedad y temperatura en Estados Unidos han cumplido más de 50 años de uso sin necesidad de reemplazarlos.

Composición química

El nombre CCA proviene de los componentes químicos que son el Cobre (Cu), el Cromo (C) y el Arsénico (A). Cada uno de ellos cumple una función determinada dentro de la madera como se indica a continuación:

El cobre: Es el elemento que impide el ataque de hongos y bacterias (fungicida).

El arsénico: Protege a la madera contra los insectos (insecticida).

El cromo: Este elemento es el responsable de la fijación definitiva del preservante en la madera (fijador).

Fijación

Los preservantes CCA se unen químicamente a la madera en una reacción de fijación, que consiste en que el cromo reacciona con los componentes de la madera (azúcares), formando una mezcla de compuestos insolubles involucrando al arsénico y cobre en ellos.

Los elementos cobre, cromo y arsénico quedan químicamente adheridos a la madera. Visualmente este proceso de fijación se aprecia con un cambio de color del producto desde un tono anaranjado en la solución a un color VERDE característico en la madera tratada.

El proceso de fijación se cumple totalmente cuando se ha secado la madera, sin embargo 48 horas después del proceso de impregnación, se logra el 90% de la fijación, por lo que la madera no debe ser entregada para su uso antes de cse período.

Para la formulación del preservante CCA se utilizan óxidos de estos tres elementos, es decir, óxido de cobre (CuO), óxido de cromo (CrO^3) y óxido de arsénico (As_2O_3).

Preparación de la solución preservante

El preservante CCA se aplica diluido en suspensión, es decir una pequeña cantidad del producto debe ser mezclado con una mayor cantidad de agua.

Esta "Solución de preservante" se prepara a una determinada Concentración en producto.

Concentración de la solución preservante en producto
Es la cantidad en kilogramos de producto que se mezcla con cada 100litros de agua.

Concentración de la solución en óxidos
Es la concentración de solución preservante en producto multiplicada por la cantidad total de óxidos del producto y dividida por 100.

La preparación de la solución se realiza en el estanque de mezcla y los pasos a seguir son los siguientes:

-Definir la concentración de la solución

La solución preservante se prepara a una concentración entre el 1% y el 5%, dependiendo de 2 factores.

Uso de la madera a impregnar, dado por la retención de óxidos.

Contenido de humedad, si la madera está absolutamente seca absorberá mayor cantidad de solución y por tanto la concentración será más baja. Si la madera está menos seca (alrededor del 28% a 30%) absorberá menor cantidad de solución y por tanto la concentración se debe aumentar.

Descripción del proceso, método Bethell
Este es un proceso a vacío y presión, que tiene como objetivo introducir la solución preservante al interior de las

células de la madera por medio de las puntuaciones y lograr que esta solución se fije, por lo tanto, después de aproximadamente 7 días ya no se pierde líquido y la madera queda lista para que no se pudra y pueda ser usada según las condiciones de retención a las cuales se impregno.

Con este proceso de impregnación (Bethell) se logran penetraciones profundas y retenciones controladas según el uso y riesgo que tendrá la madera una vez instalada.

Retención de producto preservante

Es la cantidad en kilogramos de producto preservante o kilógramos de óxidos activos por cada metro cúbico de madera.

Penetración de producto preservante

Es la profundidad en centímetros que penetró la solución preservante al interior de una pieza de madera y medida en sentido perpendicular a los anillos de crecimiento.

Mala penetración

Se debe principalmente a problemas de humedad en la madera, madera muy resinosa, con gran proporción de duramen o tiempo e intensidad de vacío inicial inadecuado

Etapas en el proceso de impregnación

El proceso de impregnación propiamente tal comienza con el llenado del autoclave.

Madera previamente seca y con su volumen medido.

El resultado de este tratamiento se observará mediante los cálculos en Hoja de Carga de la retención, consumo de producto preservante y de la penetración al interior de las piezas de madera que se impregnaron.

Etapas del proceso

A) Comienza Vacío Inicial

B) Mantención de Vacío Inicial Máximo

C) Cortar Vacío Inicial

D) Comienzo Inundación y Subida de Presión

E) Mantención de Presión Máxima

F) Cortar Presión lentamente

G) Trasvasije de solución desde autoclave a estanque de almacenamiento

H) Inicio Vacío Final

I) Mantención de Vacío Final Máximo

J) Cortar Vacío Final

K) Vaciar solución preservante

L) Descarga Autoclave

M) Encastillar la madera.

Introducir la madera la cilindro o autoclave, cerrar puerta y realizar vacío Inicial (A) para sacar el aire de las células. Una vez que se llega a vacío de 20 a 22 lbs/pulg2 = 0.7 a 0.76 kg/cm^2 mantenerlo (B) durante aproximadamente 15 a 30 minutos dependiendo de si es madera aserrada con mucho duramen expuesto a madera redonda.

Cada operador debe experimentar en su planta el tiempo de vacío inicial según las dimensiones de la madera, la época del año en que se está impregnando, la potencia de bombas en la planta.

La madera debe absorber en el período de presión la solución calculada por hoja de carga, más una cantidad de solución que se recupera en vacío final.

Cortar la presión lentamente, (F) para permitir la primera fijación del producto preservante.

Iniciar trasvasije (G) de solución desde el autoclave al estanque de almacenamiento.

Realizar vacío final siempre (I), para evitar el goteo de solución preservante una vez que se saque la madera del autoclave.

Recuperar la solución restante que queda en el autoclave con la bomba de trasvasije.

Transformación de la madera

Una vez apeado y descortezado el árbol, se procede al trabajo denominado hechura. Hechura significa toda la serie de operación necesarias para transformar la materia prima "árbol" en piezas, tosas, tablones, viguetas, tablas, tabloncillos, listones, etc. Previamente, se habrá procedido a marcar las artistas de la futura pieza, las cuales son delineadas después al llamado derrame, que como su

nombre indica, es la limpieza del tronco. La operación consiste en quitar con el hacha una faja de corteza, del ancho aproximado de un par de centímetro, para poder marcar las aristas de la futura pieza, las cuales son delineadas después por medio de un cordel o tirante de marcar, operación que se llama cordear. Si las caras de las piezas son curvas, se llama grual. Para quitar del tronco toda parte que no interesa, es decir, todo lo que queda fuera de la futura pieza proyectada, se efectúa el trabajo llamado desbaste o también aparejado, ejecutado el cual, se procede ya a la labra definitiva, la que puede ser a escuadra, cuando se efectúa con el hacha y escuadrando a anchos y gruesos ya determinados, y a media labra, cuando no se dejan esquinas vivas, sino achaflanadas. Si después interesa una mayor perfección en el trabajo, se relabra, quitando lo ya inútil, es decir toda la fraga. El trabajo alisado y afinado de las caras de las piezas recibe el nombre de deshilado. Por despiezo se entiende el conjunto de operaciones que conducen a dividir con la sierra una tosa según planos paralelos a su eje. Madera enteriza, es aquella que se aprovecha al máximo todas las dimensiones del tronco.

Maquinaria para la transformación de la madera
En la preparación de la madera se emplean muy diversas máquinas, la gran mayoría de las cuales son movidas por fuerzas motriz. Así como las llamadas sierra circular, con

ella se cortan los tableros, tablas, etc. Las cuchillas a emplear son distintas según la clase de madera de que dispongamos e incluso del trabajo a realizar. Por ello hay cuchillas con dientes para rasgar, achaflanar, de estampación, etc.

Otra de las maquinas empleadas es la sierra de cinta
Las máquinas de cepillar tienen por objeto obtener piezas de madera de unas dimensiones exactas, con acabado liso y suave, de superficies perfectamente planas, lo que se consigue con cuchillos de acero, bien rotatorias o fijas. Muy parecidas a éstas son las de moldurar que, además de conseguir el mismo objeto que las precedentes, obtienen unas superficies moldeada. Muchas veces una misma máquina de cepillar está acondicionada para obtener otros trabajos, tales como, los de acanalar, achaflanar, obtener biselados, etc. Las fresadoras se emplean para obtener molduras rectas, curvas o irregulares, así como otros trabajos, como son los de recortar, bordear, ranurar, etc. Suele ser corriente que su empleo se haga a mano. Las máquinas mordadora, son muy útiles para obtener mortajas de ventanas, puertas y toda clase de ensambles de este tipo. Se emplean dos herramientas principalmente, que son la cadena dentada y el llamado escoplo hueco. Otras máquinas empleadas son las de hacer colos de Milano, la de cortar ingletes, de afilar, etc.

Las maquinas eléctricos portátiles

Estas máquinas nos permiten fabricar ciertos objetos que con las herramientas manuales serían muy difíciles de realizar.

Podemos citar entre estas: taladro, sierra circular, fresadora, garlopa eléctrica, frisadora vibradora, sierra de vaivén, sierra de cinta, destornillador.

Herramientas manuales

Las herramientas manuales más usadas son:

Herramientas para cortar: caja de corte, serrucho de precisión, sierra ordinaria, serrucho ordinario, serrucho de costilla, serrucho de punta.

-Herramientas para cepillar: Cepillo metálico, cepillo de madera, guíllame.

-Herramientas para trazar: Cinta métrica o plegable, regla, lápiz, punta de trazado, tiza, compás, gramil, escuadra.

-Herramientas para taladrar: Berbiquí, barrena, broca.

-Herramienta de montaje: martillo pequeño de 12 a 18 mm, martillo grande de 30 mm, tenazas, martillo de carretero de punta, avellanador, fresa, destornilladores.

-Herramientas para ahuecar: un juego de formones de madera de 6 a 30 mm, un mazo, un juego de escoplos.

-Herramientas de acabado: escofina, lima, cuchilla, papel de lija.

Los empalmes

La realización de grandes anchuras de madera maciza exige la yuxtaposición y unión de varias piezas, para ello se utilizará los ensambles llamados empalmes.

Entre los empalmes tenemos

-Juntura en plano:

Ensamble difícil de colocar en su lugar al encolarse.

-Espigas:

Esta unión se puede realizar utilizando diferentes métodos:

- · Por trazado: trazar
- · Agujerear
- · Ranura y Lengüeta
- · Ranura y falsa lengüeta
- · Cortado en V
- · En dientes de Sierra

Conclusión

La madera es un material fácil de trabajar, la cual ofrece gran versatilidad de uso.

Su bajo precio con relación a otro material la hace imprescindible.

Sin embargo, la madera en su estado natural ofrece también limitaciones que se refieren principalmente a la susceptibilidad de ser atacada por organismos vivos, que la pueden destruir una vez en servicio.

Es por esto que esta debe recibir unos tratamientos especiales antes de ser utilizada, para asegurar una mayor duración.

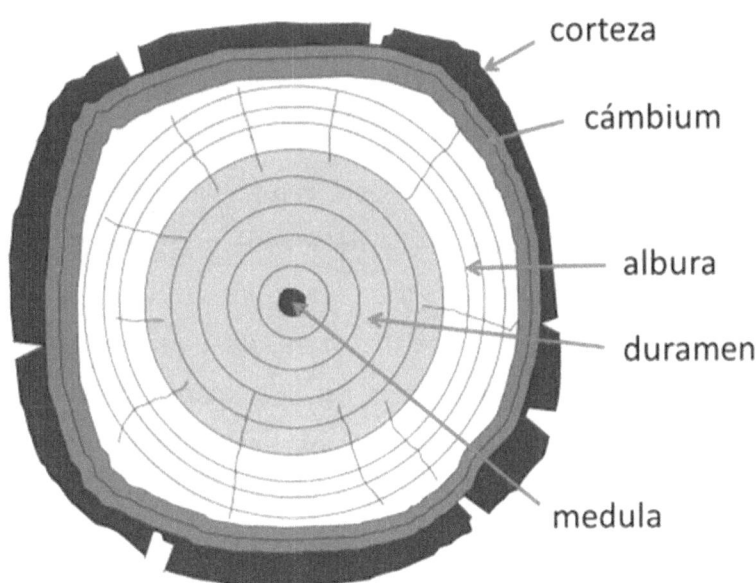

Partes de un tronco

Placas de yeso

Es conocido que una de las mayores ventajas de la construcción en seco es su rápida ejecución, lo que redunda en una considerable disminución de los costos. A esto se le debe sumar el hecho de que emplea materiales de calidad garantizada ya que deben cumplir con las exigencias que la normalización impone. Es un método de construcción que asegura menos accidentes en la obra, mayor limpieza y facilidad en la administración de gremios. Estas características convirtieron a este sistema en él más utilizado en la arquitectura comercial y en un franco competidor con los métodos tradicionales en viviendas. La versión de construcción en seco más difundida es la que permite construir paredes, cielorrasos y revestimientos interiores con unos pocos componentes:

Placas de yeso y perfiles metálicos, además de tornillos, cintas y masilla. Las placas de yeso constituyen en el elemento principal. Fijadas a una estructura de perfiles metálicos, tomadas las juntas y masilladas las fijaciones, permite obtener superficies monolíticas, de excelente calidad de terminación, aptas para recibir todo tipo de terminación.

Las placas están conformadas por un núcleo de yeso revestido en ambas caras con papel de celulosa especial. Estos elementos se venden en diferentes espesores y tipos.

Ventajas

Racionalidad constructiva.

- Fácil trasporte y acarreo de materiales hasta la obra y en la misma.

- Montaje en obra limpio. Eliminación de la ayuda de gremios y reducción de los tiempos de ejecución.

- Optimización del acondicionamiento térmico y acústico

- Simplificación del pasaje de instalaciones

- Reducción del peso de los tabiques interiores que permite aligerar la estructura resistente.

- Reducción del plazo de obra.

- Alta calidad y nivel de terminación.

- Libertad de diseño.

Elementos del sistema

El sistema de construcción en seco se realiza con placas de yeso que pueden ser estándar, resistentes a la humedad, al fuego o desmontables. Los perfiles son de chapa de acero cincado por inmersión en caliente. De acuerdo con su función, se los puede clasificar en tres grupos: Estructurales, para cielo rasos o de terminación.

Propiedades

Resistencia mecánica. La Resistencia mecánica de las placas surge de la combinación de sus componentes, sumando a la natural dureza del yeso, la resistencia de la celulosa. Estos elementos contribuyen a la no deformidad y a la resistencia de las soluciones con ellas construidas.

-Aislamiento Térmico. La cantidad de calor que deja pasar una placa de yeso es inferior a la del yeso tradicional, lo que la hace más confortable y aislante. Con la incorporación de aislantes térmicos en el interior de las paredes, cielo rasos y revestimientos se pueden cumplir las más variadas exigencias térmicas, El coeficiente de conductividad térmica de las placas de yeso es de 0.38Kcal / (m.h.ºC), siendo mejorable este valor con la incorporación de aislantes.

-Aislamiento Acústico. Las soluciones construidas con placas de yeso ofrecen un excelente aislamiento acústico gracias al sistema masa-resorte-masa, logrando con la incorporación de distintos materiales fonoabsorbentes dentro de la pared. Su comportamiento es superior en comparación con las soluciones de construcción tradicional, teniendo en cuenta su reducción de peso.

-Comportamiento ante el fuego. Al estar expuestas al fuego, el agua contenía en el núcleo de yeso de las placas es lentamente liberada como vapor, retardando así la trasmisión de calor a la cara no expuesta a la llama, donde se mantiene una baja temperatura. Existen placas especiales contra el fuego.

Tipos de placas

Placas estándar

Se las utiliza para construir paredes y revestimientos en locales secos y cielorrasos con junta tomada tanto en locales secos como en locales húmedos. El núcleo de yeso de estas placas es revestido con una lámina de papel de celulosa especial en ambas caras, siendo el de la cara de color gris claro y el del dorso de color más oscuro.

Placas resistentes a la humedad

Se utilizan para construir paredes y revestimientos en ambientes con grado hidrométrico alto no constante. El núcleo de las placas de yeso de las placas tiene el grado de componentes especiales para lograr una mayor resistencia a la humedad, se lo reviste con una lámina de papel de celulosa especial en ambas caras. Siendo el de la cara anterior verde el del dorso de color más oscuro.

Placas Resistentes al fuego

Se utilizan ubicadas en ateas de alta resistencia al fuego. La incorporación de aditivos especiales a la mezcla de yeso que conforman su núcleo posee una mayor resistencia al fuego preservando el mayor grado de integridad de la placa bajo su acción del mismo. Ambas caras de la placa están revestidas con un papel de celulosa especial, siendo de la cara expuesta color rosa y el de la cara posterior más oscura.

Placas desmontables

Las placas desmontables se utilizan par a construir cielorrasos modulados, con estructura vista sobre la que las placas apoyan en todo su perímetro. Con la incorporación de aditivos especiales a la mezcla de yeso se obtiene una mayor resistencia a la flexión. Las placas con revestimientos vinílicos o texturados brindan una constelación de beneficios para cada proyecto. Son ideales para hoteles, oficinas, escuelas, hospitales, obras comerciales y gastronómicas. Las placas texturadas reciben texturas y pinturas de alta calidad para cielorrasos terminados, una vez colocados en la estructura. Las placas vinílicas poseen atractivos diseños, son durables y se pueden limpiar fácilmente.

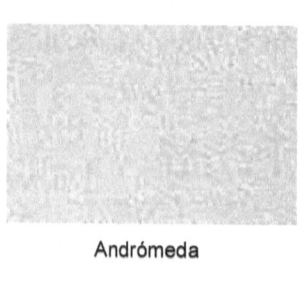

Andrómeda

Pegasus

Aquiarius

Taurus

Orión

Perfiles

Los perfiles utilizados en los sistemas de construcción en seco con placas de yeso son de chapa de acero cincado por medio de inmersión en caliente. De acuerdo con sus funciones se los puede clasificar en tres grupos: estructurales, de cielo raso y de terminación.

Perfil Solera

Perfil de sección U compuesto por dos alas de igual longitud y por un alma de longitud variable. Sus superficies presentan un moleteado que facilita la penetración de los tornillos al momento de fijar las placas o perfiles entre sí. Se utilizan como perfiles guía, donde se insertarán los montantes. En el caso de paredes y revestimientos, estos elementos se fijarán al piso y a la losa para que generen dos rieles o canales. En cielorrasos se fijan a las paredes para que permitan armar la estructura contando con dos canales guías enfrentados.

Perfil montante

Perfil de sección C compuesto de dos alas de distinta longitud, que permiten realizar el empalme de perfiles en forma telescópica y por un alma de su longitud variable. Su Superficie presenta un moleteado que facilita la penetración de los tornillos al momento de fijar las placas o los perfiles entre sí. El alma del perfil presenta cuatro perforaciones para realizar el pasaje de instalaciones. Se utiliza como elementos verticales en las estructuras de paredes y revestimientos. En cielorrasos se emplean para la realización del armado de la estructura a la cual se fijarán las placas.

Perfil omega

Perfil de sección trapezoidal, su superficie presenta un moleteado que facilita la penetración de los tornillos.

Se utilizan como elementos verticales en las estructuras de revestimientos a la cuales se fijarán las placas.

Perfiles para cielorrasos desmontables

Este tipo de perfiles se utilizan para conformar la estructura vista sobre la que se apoyaran las placas de tipo desmontables.

Perfil Perimetral

Perfil de sección L, compuesto por dos alas de igual longitud que forman un ángulo de 90°. La superficie del perfil se provee pintada de color blanco y se fijan a lo largo de todo el perímetro del cielorraso.

Perfil larguero

Perfil bimetálico de sección T invertida, de chapa de acero galvanizado. El cuerpo del perfil se provee de perforaciones para sujetar los elementos de suspensión y muescas para realizar el encastre de los travesaños. Sus extensores están provistos de cabezales que permiten ser empalmados con otros perfiles largueros. Generalmente estos elementos se ubican en sentido paralelo al lado menor del cielorraso para no exigir su resistencia a la flexión. Son fijados a la cubierta mediante elementos de suspensión.

Perfil Travesaño

Perfil Bimetálico de sección T invertida, de cuerpo de chapa de acero galvanizado y pintada de color blanco. Poseen un sistema de encastre entre sí. Los travesaños toman su nombre de la posición que ocupan: se ubican transversalmente a los largueros, conformando su la estructura sobre la que se poyaran las placas desmontables.

Perfiles de terminación

Se utilizan para proteger aristas, generar juntas de trabajo, y otras hendiduras en las superficies. Esta tarea se realiza una vez realizado el emplacado de la estructura. Se fabrican en acero cincado por inmersión en caliente. Estos perfiles se fijan a las placas mediante tornillos autoroscantes o adhesivos de doble contacto, aplicándoseles masilla para lograr la terminación.

Perfil Cantonera

Perfil de sección L, Compuesto por dos alas de igual longitud que forman un ángulo menor a 90º, con nariz redondeada. Se utilizan como guardacantos o esquineros para proteger aristas formadas por dos planos construidos con placas colocadas a 90º.

Perfil ángulo de ajuste

Perfil de sección L, compuesto por dos alas de distinta longitud que forman un ángulo ligeramente menor a 90º, con nariz redondeada. La superficie del ala de mayor longitud presenta un moleteado que facilita la penetración de los tornillos al momento de fijarlos a las placas. Se utilizan para generar una junta de trabajo en el encuentro entre una superficie construidas con placas y otro material.

Perfil buña perimetral Z

Perfil de sección Z Pintado en color blanco, con nariz redondeada. La superficie del ala de mayor longitud presenta un moleteado q facilita la penetración de los tornillos al momento de fijarlo a las placas. Los perfiles se utilizan para generar una buña de 15 mm. Cuando se debe generar una junta de trabajo en el encuentro entre una superficie entre placas y otro material rígido.

Masilla

La masilla utilizada en construcción en seco, permiten realizar el tomado de juntas entre placas de yeso para obtener superficies aptas para recibir todo tipo de terminaciones. Se utilizan si mezclar o agregar otro componente, para no modificar su composición química. En el caso de los productos en polvo, el preparado se debe realizar solo con agua limpia, Las masillas y adhesivos se deben proteger de la exposición al sol, humedad y temperaturas extremas. Se debe utilizar siempre la masilla formulada por el fabricante de la placa, lo que garantiza procesos de calidad controlada y un adecuado comportamiento.

Tipos de masillas

En construcción en seco se pueden utilizar masillas con distintos tiempos de fragüe, que permiten acelerar los tiempos de ejecución.

Masilla en pasta

Se trata de una masilla preparada para realizar el tomado de juntas entre placas de yeso en todos sus pasos, recubrimiento de perfiles de terminación y fijaciones. También se aplica para realizar el masillado total de la superficie construidas con placas de yeso, así como sobre superficies de mampostería, remplazando en este caso el enduido plástico.

Masilla en polvo

Es un producto formulado especialmente para ser preparado en obra únicamente con agua sin ningún otro tipo de agregado. Apto para realizar el tomado de juntas entre placas de yeso en todos sus pasos, recubrimiento de perfiles de terminación y fijaciones.

Paredes. Tipos de paredes

Compuestas por una estructura de perfiles de chapa de acero cincada por inmersión en caliente, Sobre esta estructura se fijan las placas de yeso utilizando tornillos auto-roscantes.

En el interior de las paredes se pueden incorporar materiales aislantes e instalaciones de todo tipo.

Las juntas entre placas se terminan aplicando masilla y cinta de papel, las improntas de las fijaciones y los perfiles de terminación se masillan, obteniéndose una superficie apta para recibir todo tipo de terminación o revestimiento.

La construcción de paredes de yeso permite una serie de ventajas. Posibilidad de ser aplicado tanto en obra nueva como en reforma o ampliaciones.

Libertad para construir todo tipo de diseños con excelente calidad de terminación.

Construir paredes para todo tipo de ambientes. Protección contra el fuego. Aislamiento acústico. Aislamiento térmico.

Cielorraso

Se entiende por cielorraso, la vestidura de la cara inferior de techos sea aplicada directamente en el mismo o sobre una superficie independiente especialmente construida. La naturaleza del cielorraso varía con la función que le haya sido asignada, así, puede tratarse de un simple enlucido o revoque destinado a emparejar una superficie de una vestidura decorativa, acústica o atérmica.

Cielorraso con yeso
Se denomina así a la aplicación de pasta de yeso sobre la superficie inferior de losas de concreto que forman los techos de una edificación.
Unidad de medida. Metro cuadrado (m^2).
Norma de medición
Se medirá el área neta comprendida entre las caras laterales sin revestir de las paredes o vigas que limitan, no se deducirán Las áreas de columnas, ni huecos menores de 0.25 m^2.

Yeso en vigas
Se denomina así a la aplicación de pasta de yeso sobre la cara inferior y las caras laterales de vigas visibles bajo la losa de concreto de los techos de una edificación.
Unidad de medida. Metro cuadrado (m^2) en superficie. Metro lineal (ml) en aristas o filos.

Norma de medición

Se medirá el área neta de la cara inferior y las caras laterales de las vigas, además se medirá la longitud de las aristas o filos.

Cielorraso con mezcla

Se denomina así a la aplicación de un mortero sobre la superficie inferior de losas de concreto que forman los techos de una edificación.

Unidad de medida. Metro cuadrado (m^2).

Norma de medición

Se medirá el área neta comprendida entre las caras laterales sin revestir de las paredes o vigas que la limitan.

Loa cielorrasos están compuestos por una estructura de perfiles de chapa de acero cincada por inmersión en caliente. La estructura puede quedar oculta, en ese caso las placas de yeso Durlock se atornillan a la misma. En caso de utilizar estructura vista, las placas para Cielorrasos Desmontables Dulock se apoyan directamente sobre los perfiles. Los cielorrasos Durlock permiten mejorar el confort acústico y térmico mediante la incorporación de materiales aislantes. La realización de cielorrasos en seco permite contar con una seria de importantes ventajas:

• Construir cielorrasos interiores para todo tipo de locales.

• Posibilidad de ser aplicados tanto en obra nueva como en reformas o ampliaciones.

• Incorporar aislaciones o instalaciones de manera simple y limpia.

• Realizar un montaje rápido y sin obra húmeda.

• Libertad para construir todo tipo de superficies, planas y curvas.

• lograr una excelente calidad de terminación.

Tipos de cielorrasos

Cielorraso Junta Tomada

Se utilizan para construir cielorrasos interiores monolíticos, sin estructura vista, en todo tipo de construcción, ya se trate de un departamento, vivienda, local comercial, habitación de hotel u oficina. Recomendados para áreas quirúrgicas en hospitales. Formado por una estructura compuesta por perfiles tipo Solera y Montante de chapa de acero cincada. Sobre esta estructura se fijan mecánicamente las placas Durlock. Para mejorar el aislamiento acústico o térmico, es posible incorporar material aislante.

Materiales Por m²	Consumo	Unidad
Soleras 70mm	1.10	ml.
Montantes 69mm.	3.2	ml.
Tornillos T1.	16	Unidad.
Tornillos T2.	18	Unidad.
Cinta	1.65	ml.
Masilla	0.9	Kg.
Fijaciones.	6	Unidad.
Placas.	1.05	m²

Cielorrasos desmontables

Se utilizan para construir cielorrasos interiores con estructura vista, de rápido montaje y fácil acceso a las instalaciones.

Recomendados para obras comerciales, gastronómicas, áreas públicas de hospitales y oficinas formado por una estructura compuesta por perfiles bimetálicos de chapa de acero cincada, con vista prepintada en blanco, sobre la que se apoyan las placas para Cielorrasos

Desmontables Durlock. Para mejorar el aislamiento acústico o térmico, es posible incorporar material aislante.

Materiales por M²	0.61x 0.61	0.61x0.61 Travesaños 0.61m	0.61x0.61 Travesaños 1.22m	Unidad
Perimetral (3.05ml)	1.50	1.50	1.50	ml.
Largueros (3.66m)	1.6	1.6	0.8	ml.
Travesaños (0.61m)	1.6	0.8		ml.
Travesaños (1.22m)			1.6	ml.
Alambre galvanizado Nº14	1.03	1.3	1.3	ml.
Fijaciones.	6	6	6	Unidad.
Placas DESM	1.05	1.05	1.05	M²

Cielorrasos pegados

Con este nombre se define al revestimiento de la parte inferior de las losas, realizar colocando piezas independientes del mismo, adheridas por medio de un pegamento.

Sus funciones pueden ser de aislamiento acústica, de simple ornamento o de otras funciones especiales.

Cielorrasos suspendidos

De malla metálica

Comprende la aplicación de un mortero sobre malla metálica unida a un entramado o armazón, suspendido del techo o de una estructura especial independiente del techo.

De paneles

Comprende la colocación de paneles en una armazón suspendida del techo o de una estructura especial independiente del techo.

Norma de medición

En todos los casos se medirá el área neta del cielorraso a ejecutarse comprendida entre las caras laterales de las paredes o vigas que la limitan.

Si resulta conveniente tanto los elementos de suspensión como los paneles pueden medirse por piezas.

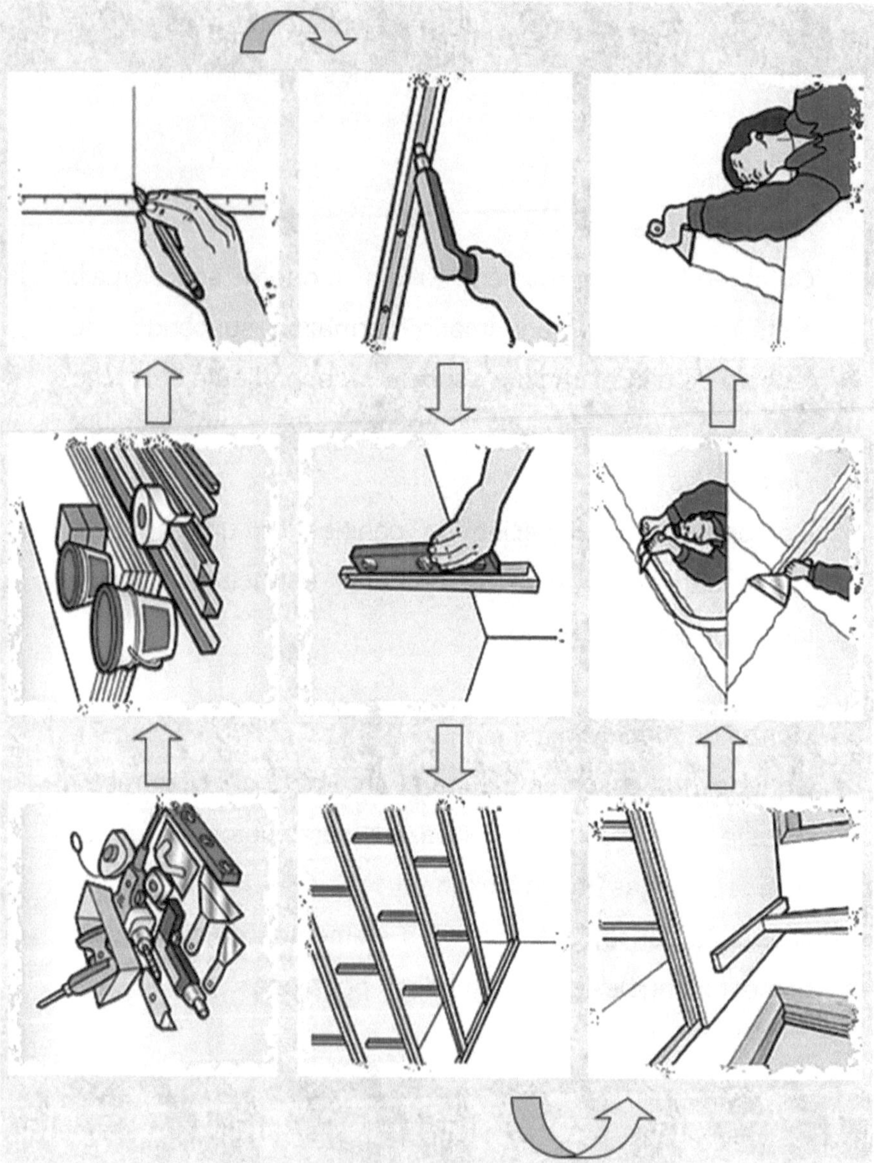

Pasos para la colocación de paneles

Pinturas

Las pinturas ecológicas son en las que no se utilizan disolventes ni productos tóxicos. Los fabricantes las recomiendan para las habitaciones de los niños. La característica de las pinturas alquidálicas es su capacidad para oxidarse al contacto con el oxígeno, lo que hace que este tipo de pintura sea eficaz y resistente especialmente en superficies metálicas como el acero, el hierro y el aluminio, así como el ofrecer una enorme variedad de colores. Tipos de pinturas especiales: anti condensación, antihumedad, antioxidantes, estructuradas, vitrificantes.

Propiedades ideales para protectores de madera:

Poder ser aplicado sobre todo tipo de maderas;

Ser efectivo contra insectos y hongos.

No debe ser perjudicial para el medio ambiente; No afectar a las propiedades propias de la madera; No dejar olores residuales; Mantener su propiedad protectora a largo plazo. Brillos y acabados: Mate: acabado suave y elegante, oculta imperfecciones de las superficies, ideal para retoques. Eggshell: acabado de bajo brillo, se puede lavar mejor, recomendación para áreas de circulación media. Satinado: acabado sedoso y perlado, cálido y de alta lavabilidad, necesitan una buena preparación de la superficie. Los pinceles con cerdas sintéticas conviene utilizarlos con pinturas al látex, y los pinceles con cerdas naturales conviene utilizarlos con pinturas sintéticas. Con productos al látex, podemos pintas de 10 a 12 m², por mano, por litro. Para enmascarar vidrios y revestimientos, conviene utilizar cinta de enmascarar para protegerlos al momento de la aplicación de la pintura, pero se recomienda quitar la cinta antes de que seque la pintura, para que no se arrastre la película durante el curado A la hora de trabajar con pinceles y brochas es recomendable: Eliminar pelos sueltos, golpeando la parte plana del pincel o brocha contra la mano; Mantener siempre "un borde mojado", es decir, sobreponer las pasadas desde áreas sin pintar hacia áreas pintadas; En el caso de las pinturas al látex, un sucesivo repasado sobre la pintura puede dejar huellas de pincelada.

el propósito de la inspección durante y después de la preparación de la superficie y aplicación de recubrimientos es el de asegurar el cumplimiento de las especificaciones de trabajo y de los requerimientos de aplicación de los recubrimientos. Los tabiques son todas las paredes interiores de poco grosor y peso que no soportan cargas de importancia. Deben ser resistentes a la flexión, a la tracción y a choques. El sistema cumple con las especificaciones sobre la aislación térmica y acústica, como así también las relativas a impermeabilidad par los casos de muros exteriores y sanitarios, y de asistencia a la propagación del fuego. La primera operación es la colocación de un perfil perimetral de chapa galvanizada, alrededor de losas, columnas, y vigas, dejando una luz de 2cm, que posteriormente es llenada con un material de sellado.

Sistema steel frame: es una estructura de perfiles de acero que reparten el peso uniformemente; lleva paredes de paneles livianos de yeso o madera en el interior y paneles de cemento con revoque, madera o ladrillos a la vista en el exterior. Algunos de los productos son: El fibrocemento, yeso cartón, paneles estucados, revestimientos intumescentes, productos ignífugos, mortero proyectado, placas de fibrosilicato, hormigón celular, selladores intumescentes. Las escaleras, que constituyen los elementos de comunicación fijos entre los distintos niveles de un edificio, son estructuras que se clasifican del modo siguiente.

-Con respecto al material de su construcción: escaleras de madera, hierro, piedra, mampostería, hormigón armado, mixtas.

-En cuanto al objeto a que se las destina, en: escaleras principales, secundarias, de servicio, de sótano.

Línea de huella, Peldaño o escalón, Tramo, Descanso de reposo, Descanso principal, Zanca o limón, Baranda, Caja.

Las escaleras mecánicas son similares en construcción a las rampas automáticas. la principal diferencia consiste en que una rampa automática está formada por una banda continua, mientras que el mecanismo de las escaleras se basa en una serie de peldaños móviles. Igual que sucede con las rampas automáticas, las instalaciones de escalera mecánicas deben ajustarse a las normas. La pendiente del alfeizar o caída hacia el exterior puede responder al gusto arquitectónico adoptado, pero generalmente, cuando se emplea un material de superficie lisa, se coloca con la menor pendiente posible, ya que el escurrimiento de las aguas pluviales es efectivo, no así con materiales de superficies rugosas que se colocan con mayor pendiente, evitando con ello la acumulación de las aguas. Si la calle no tiene pavimento ni vereda y ni tampoco instalaciones de Obras Sanitarias que puedan tomarse como puntos de referencia, es conveniente en estos casos, guiarse por el propio nivel del terreno natural circundante, siendo aconsejable que el nivel a fijarse no sea menor de 30 a 40 centímetros, sobre el punto más elevado de dicho terreno. Cuando el espacio lo permite, puede usarse una superficie inclinada o rampa, con la finalidad de lograr una fácil conexión entre los diferentes niveles de un edificio. Una rampa móvil debe medir por lo menos 1.10 m. (esta anchura es suficiente para el paso de dos adultos lado a lado). La inclinación puede ser hasta de 15°. (si las pendientes son mayores, es mejor instalar una escalera eléctrica.

Tips para realizar tareas de albañilería

El hormigón

Antes de explicarle algunos trucos para realizar tareas de albañilería, le explicamos algunos términos que debe conocer.

El hormigón es el resultado de una mezcla de cemento, arena y grava que, unidos con agua, forman una masa resistente y de consistencia compacta. El hormigón es uno de los materiales más tradicionales empleados en la construcción. La densidad y la dureza que adquiere el material cuando fragua lo convierten en el rey de la albañilería.

Cuándo se debe utilizar

La masa de hormigón se puede emplear para construir pavimentos, para levantar paredes y para fabricar diversos tipos de bloques utilizados en la construcción. En nuestros trabajos de albañilería emplearemos el hormigón para reparar suelos de terrazas, sótanos y escaleras; y para hacer encofrados.

Cuál es su proporción

La forma más habitual de expresar la proporción, entre las partes de materiales empleados para preparar hormigón, es mediante cifras; por ejemplo, 1.3.4. significa: una parte de cemento, tres de arena y cuatro de áridos.

Algunas cosas que debe saber

La forma más habitual de expresar la proporción, entre las partes de materiales empleados para preparar hormigón, es mediante cifras. Por ejemplo, 1.3.4. significa: una parte de cemento, tres de arena y cuatro de áridos.

-Compre la arena que ya viene envasada en pequeños paquetes para trabajos de poca envergadura.

-Compruebe que la arena o la grava estén libres de impurezas. Las partículas de suciedad pueden alterar los buenos resultados de la mezcla y del fraguado.

-No utilice arena de playa como material árido, no sirve.

-Prepare el hormigón directamente en el suelo y cerca del lugar en el que realizarás el trabajo.

-Agregue poco a poco el agua para preparar el hormigón y «amase» la mezcla controlando el punto de consistencia.

-Si no está habituado al uso de la hormigonera, lea atentamente las instrucciones y haga una prueba antes de preparar el hormigón definitivo.

-Limpie la hormigonera después de usarla, aun cuando la necesite al día siguiente y manténgala alejada del alcance de los niños.

Cómo se realiza

Una vez conocidas las proporciones, por ejemplo 1.2.3. que es la que podemos usar para pavimentos de sótanos o de terrazas, debemos poner preferentemente en el suelo, las partes de grava y de arena, y removerlas. Una vez

mezcladas, se agrega el cemento y se vuelve a remover. Finalmente se hace una montaña con un cráter en el centro, en el que iremos agregando agua hasta lograr la consistencia necesaria.

Las espumas

Las espumas de poliuretano son un producto muy extendido entre los aficionados al bricolaje. Se aplican fácilmente sin necesidad de mancharse y resultan muy útiles en múltiples funciones. Por ello, han sustituido a otros productos convencionales en el sellado de puertas y ventanas e incluso en la reparación de muros.

Composición

Su materia base es el poliuretano. Este tipo de espumas no requieren de la humedad ambiental. Al soltar el cierre del bote y, después de agitarla, entran en contacto los dos componentes y comienza a reaccionar. El tiempo de endurecimiento es más rápido que en las espumas de un componente.

-Una vez aplicadas, las espumas aumentan de dos a cinco veces el volumen al endurecerse completamente.

-Presentan una excelente resistencia a los cambios climáticos más drásticos. Soportan tanto heladas como altas temperaturas, sin estropearse.

-Al endurecerse, adquieren gran resistencia sin perder flexibilidad.

-Pueden cortarse, pulirse e incluso pintarse.

-Se han convertido un aislante térmico y acústico muy eficaz.

Cuándo se deben utilizar

La principal aplicación de estas espumas, o por lo menos la más conocida, es que permiten el sellado de puertas y ventanas, trabajando como aislante ante el frío y el calor. Se emplean también para el sellado de saneamientos o con propósitos decorativos.

Cómo se realizan

Es importante ventilar la habitación donde se vaya a utilizar el producto e incluso ponerse una mascarilla protectora. La espuma se pega no sólo donde se aplica sino en cualquier lugar con el que entra en contacto. Por eso, hay que ser muy escrupuloso con el trabajo. Se aconseja proteger los lados del lugar de aplicación con bandas adhesivas especiales. Se puede llmpiar, antes de que se haya endurecido, con acetona o con un limpiador específico.

Las fijaciones

Conseguir una buena fijación en una pared depende del tipo de taco o anclaje que se utilice. Conocer el material sobre el que se va a fijar y las diferentes opciones que nos facilita el mercado es imprescindible a la hora de realizar esta tarea.

Exceptuando en la madera, sobre cualquier otra superficie es necesario, antes de clavar, introducir una fijación.

Dimensiones

Hay que considerar la carga de rotura cuando ya no resiste más, la carga admisible (el máximo peso recomendado) y el coeficiente de seguridad. Es recomendable un coeficiente 7 para fijaciones de nailon y 4 para las de acero. Siempre que se tenga que fijar un objeto a la pared es necesario conocer, además de sus dimensiones, su carga.

Cómo se usan

Antes de empezar a taladrar para colocar una fijación, compruebe que el material a perforar está perfectamente estable y bien sujeto. Si se trata de una pared, no hay problema, pero si es un trozo de madera, por ejemplo, y no lo ha sujetado bien, puede resultar peligroso taladrarlo.

Habitualmente, las fijaciones pueden ser de plástico moldeado, de fibra, de aluminio, de acero, de rosca o incluso de nailon.

Tipos de fijaciones

-De plástico moldeado: sus principales usos son en muros ligeros o de resistencia media. Se suelen usar para colgar cuadros.

-De rosca: se utilizan en paredes construidas con materiales que se desmoronan fácilmente. El propio taco se atornilla en el orificio y proporciona una fijación más sólida. Si las paredes son de ladrillo o mampostería es recomendable aplicar masilla o espuma antes de colocar el anclaje.

-De nailon: son los más empleados en el hogar, para colocar armarios, apliques de baño, lámparas. Son muy resistentes y se utilizan con tornillos tipo rosca.

-De taco de expansión: son unos anclajes que llevan una pieza de metal en el extremo, formada por tres segmentos de expansión que, al introducir el tornillo, se abre y se agarra en las paredes del orificio. Se utilizan en trabajos de hormigón, ladrillo y piedra.

-De metal para superficies huecas: proporcionan un anclaje de gran fuerza en una amplia gama de aplicaciones en paredes huecas, tipo Pladur.

-De metal para techos: incorporan un dispositivo de metal que se introduce por el hueco abierto y una vez dentro se abre. Se utiliza habitualmente en techos falsos.

Ventanas

La elección de una ventana u otra debe supeditarse, principalmente, al clima de la zona. Tanto los materiales con que están hechas como el sistema de apertura, dependen de las necesidades funcionales de cada uno. Tener en cuenta las condiciones climáticas prolongará considerablemente su vida. Dependiendo del sistema de apertura de la ventana, ésta incorporará unos accesorios u otros. Hay diferentes manillas para las ventanas batientes y practicables; sistemas de seguridad para evitar aperturas accidentales; pivotes de frenado para mantener fija una ventana batiente, sistemas de cierre para ventanas correderas, etc.

De qué materiales están hechas

-Aluminio: su principal característica es que resiste muy bien a la corrosión. Suele utilizarse en lugares de costa, con elevada humedad ambiental.

-Madera: como es normal, la madera resiste menos los cambios bruscos y continuos de temperatura y requiere muchos cuidados. Este tipo de ventanas son ideales para zonas templadas.

-PVC: muy resistentes y con gran poder aislante. Recomendado para zonas muy frías.

-Poliuretano: se trata de un excelente aislante térmico, que resiste perfectamente cambios extremos de temperatura. Es la ventana perfecta para el centro peninsular.

Tipos de ventanas

-Practicables: pueden ser de una o dos hojas. Una manilla o tirador permite abrirlas totalmente.

-Correderas: las hojas circulan por unos carriles y sólo puede mantenerse abierto un lado cada vez.

-Basculantes: este tipo de ventanas se abren a partir de un eje horizontal, situado en el eje de la ventana.

-Oscilo-batientes: se abate únicamente un extremo (el superior, el inferior, hacia dentro o hacia fuera), hasta una determinada distancia.

-Replegables: repliega las diferentes partes de la ventana o puerta.

La arquitectura condiciona

El lugar donde se va a colocar una ventana condiciona en gran medida el estilo de ésta, ya que, una ventana practicable puede que moleste al abrirla, mientras que una corredera o una basculante ahorran mucho espacio. Por otro lado, hay lugares en los que debe ir una gran superficie acristalada, pero no se pueden colocar ventanas correderas. En este caso, la mejor opción es una replegable o corrugable.

Los aislantes

Los materiales para aislamientos sirven, por regla general, para aislar el frío, el calor y el ruido. Tan sólo difieren en el modo de emplearlos. Los aislantes contra el frío actúan conservando el calor de la calefacción. Con ello, se pretende que el calor de un ambiente se quede en casa. A pesar de que no hay aislantes específicos contra el calor, sí formas de aplicar aislantes básicos para evitar que el calor penetre excesivamente en casa en época estival. Los materiales aislantes del frío son, a su vez, absorbentes de ruidos.

Evaluación del problema

-Qué quiere o de quién pretende aislar la vivienda.

-Qué ruidos le molestan. No todos los aislantes amortiguan de la misma forma. Además, le conviene aislar la parte que corresponde a la zona por la que llegan los ruidos.

-Tenga en cuenta las propiedades adicionales de los sistemas: resistencia al fuego, a la humedad.

No debe olvidar

-En ocasiones, las rendijas de ventilación de las puertas, las cajas de las persianas o los agujeros extractores de aire permiten la salida del calor.

-Hay ventanas o puertas que no están bien selladas a la pared.

-Si evita la pérdida de calor, el ahorro de energía será considerable.

-El doble acristalamiento en ventanas y puertas puede ser una sencilla solución para la pérdida de calor o para aislar los ruidos.

Materiales

-Fibras minerales: pueden ser fibra de roca o de cristal. Son muy ligeras y absolutamente ininflamables. Puesto que absorben la humedad fácilmente, es conveniente colocarlas a cubierto.

-Fibras vegetales: normalmente se encuentran en forma de paneles o de losas. Estos aislantes están compuestos de

fibras de madera apelmazadas, son bastante rígidos y resistentes a los golpes. Suelen utilizarse para trabajos de aislamiento fórmico. Son inflamables.

-Losas de poliestireno expandido: son rígidas y se pegan con facilidad, con un alicatado similar al de los azulejos, utilizando cola plástica. Son las más adecuadas para poner detrás de los radiadores.

-Espumas de poliuretano: son un gran aislante acústico y prácticamente ininflamables. Encontrarás diferentes tipos de aislantes de poliuretano creados a partir de estas espumas.

-Aluminio en películas plásticas: vienen en rollos y se aplican con una cola adhesiva especial.

Los ladrillos

Los ladrillos son masa de barro o arcilla de forma rectangular que, después de cocida, sirve para construir muros, habitaciones, etc. Los diseños, texturas, colores, formas o dimensiones pueden variar tanto como el fabricante desee.

Cada una de las caras de un ladrillo tiene un nombre
-Hundido: es el nombre de la depresión de una de las caras del ladrillo. Los ladrillos tipo macizo la tienen.

-Tizón: se denomina así a los lados cortos.

-Asiento: son las caras largas del ladrillo.

-Soga: cada lado largo del ladrillo.

Colores y texturas

Los diferentes colores de los ladrillos tienen que ver con el tipo de arcilla empleado en su fabricación. En algunos casos, también intervienen en el color la adhesión de algún mineral y la temperatura de cocción. No es raro encontrar ladrillos negros, blancos, amarillos o rojos.

En cuanto a las texturas, éstas dependen de los moldes utilizados en la fabricación, por lo que pueden ser de lo más variadas: ralladas, punteadas, con motivos decorativos, etc., y tener dibujos en una sola de sus caras o en todas.

Tipos de ladrillos

-Macizos: son planos y tienen, en una de sus superficies, un nivel más bajo que las restantes (cara hundida). Esta depresión sirve para unir los ladrillos unos con otros cuando se la rellena con materiales de agarre.

-Especiales: son de formas variadas por lo que solucionan el toque final de las paredes decoradas. Los hay rematados con doble canto, terminados en curvas, con ángulos esquinados y con puntas redondeadas.

-Perforados: tienen agujeros que los atraviesan de lado a lado y que cumplen la función del hundido de los ladrillos estándar.

-Huecos: constituyen una verdadera muralla contra la humedad. Pesan muy poco y tienen múltiples aplicaciones en la construcción, como la de levantar dobles muros entre los cuales insertar materiales anti-ruidos o aislantes. También son llamados rasillas.

Debe saber

Existen diferentes calidades de ladrillos. Los de interior no se deben usar para muros exteriores; los de calidad especial se emplean para levantar muros en lugares de clima duro y los de calidad corriente son los de uso más habitual.

Los selladores

Productos como la silicona o la masilla se emplean fundamentalmente para unir superficies húmedas. Resuelven problemas de grietas y rupturas y se pueden utilizar prácticamente en cualquier parte.

Dónde se usan

Es importante tener en cuenta el lugar donde se va a emplear el producto, ya que, si se va a aplicar en los saneamientos del cuarto de baño, por ejemplo, es necesario que el producto sellador garantice elasticidad suficiente en las uniones y que sea resistente a los hongos.

En el exterior, el material va a estar expuesto a temperatura más extremas, por lo que precisa que conserve, de forma permanente, la dureza.

En lugares donde la madera está en contacto con la obra de albañilería se requieren juntas de elasticidad permanente.

Ventajas

-Son prácticos, limpios y duraderos.

-Facilitan el aislamiento, ya que permiten sellar juntas, grietas, etc. De esta forma, evitan corrientes de aire y humedad.

-Las masillas de elasticidad permanente se adhieren perfectamente a casi todas las bases y superficies. Con ellas se pueden sellar las juntas de los materiales más diversos que, al mismo tiempo, quedan pegados.

-Para aplicar el sellador con facilidad existen cartuchos de prensa: modelos de chapa, prensas de mano, prensas de tubo profesional o aparatos de aire a presión.

Los más utilizados

Los productos de sellado más habituales son la silicona y la masilla. Ambos se pueden encontrar en blanco y transparente, que son los colores más comunes.

También hay productos fabricados a base de resinas.

Una vez abierto un tubo:

-La masilla de juntas tan sólo podrás utilizarla durante unos días.

-Si es silicona, puedes conservar el envase durante algún tiempo taponando la boca con un algodón impregnado de petróleo y cerrándolo herméticamente.

-Cuando el sellador está formado a base de resinas, se puede conservar poniendo en la boca del tubo unas gotas de aceite de linaza.

Niveles y plomadas

Se trata de instrumentos que permiten conocer la verticalidad o la horizontalidad de la obra. Son imprescindibles tanto para levantar un muro como para reparar una baldosa.

Tipos de niveles

-Nivel de burbuja: es el más tradicional. Puede ser de madera o metal, pero, en cualquier caso, su forma es alargada y tiene dos ampollas de cristal, una en sentido longitudinal, para señalar la horizontalidad, y la otra en sentido transversal, para marcar la verticalidad. Según para qué trabajos, conviene utilizar un nivel de burbuja bastante largo, ya que logrará alineaciones más precisas.

-Nivel de vasos comunicantes: se emplea cuando hay que transportar el nivel de un ambiente a otro. Son dos recipientes unidos entre sí por un tubo transparente por el que pasa un líquido de un vaso a otro.

Leer un nivel

-En un nivel de burbuja, las ampollas de cristal poseen unas marcas. En el interior de las ampollas, se desplaza una burbuja que, cuando queda centrada entre ellas, indica el nivel exacto de la superficie. De esta forma sabrás si la pared o el suelo está inclinado, y hacia qué lado lo está.

-Si se trata de un nivel de vasos comunicantes, el sistema es diferente. Cuando el líquido que se emplea es

homogéneo, su superficie libre debe quedar en ambos recipientes a la misma altura, con lo que lograrás saber si la superficie donde estás trabajando está a nivel o no.

Qué es una plomada

La plomada es una pesa de plomo o de otro metal, cilíndrica o cónica, colgada de una cuerda. En la parte superior posee una chapa por cuyo centro pasa el hilo; el ancho de la chapa es igual al radio de la esfera. La plomada sirve para comprobar la verticalidad de un trabajo. Por esta razón, debes colocarla paralelamente a la superficie que quieres nivelar. Es decir, tiene que colgarla junto a ella. De esta forma podrás utilizarla de guía para saber si, por ejemplo, una pared está inclinada o no, o para hacer un tabique perfectamente nivelado.

Rejillas y extractores

Las paredes aisladas y las dobles ventanas no sólo evitan las fugas no deseadas de calor hacia el exterior, sino que también impiden la ventilación de, por ejemplo, cocinas o baños.

Distintos aparatos para distintos lugares

-Hay ventiladores de ventana que renuevan hasta un 160 m^3 de aire por hora aproximadamente (la capacidad de este aparato se indica en m^3/hora). Claro está, los ventiladores

pueden ser de diferentes potencias, y, en algunos casos, llevan acoplados un tubo de descarga.

-Muchas veces, en los baños que no tienen ventana se acoplan ventiladores que funcionan con corriente eléctrica. Éstos cuentan con un temporizador de apagado.

-Para la aireación son convenientes las rejillas, que pueden ir provistas de celosías. Este conducto se instala en la pared, empleando un tubo de fibrocemento o de plástico.

-Para las entradas de aire hay que disponer de rejillas de plástico o metal. Hay que colocarlas en las puertas del cuarto de baño y en las cocinas.

-Para evitar que, entre viento del exterior o frío, son convenientes unas rejillas de ventilación o una protección contra la entrada de aire, mediante una clapeta anti-retorno. Cuando se acciona el ventilador, se abre la claqueta, permitiendo la salida de los vahos al exterior.

Conductos necesarios

-En las conducciones con forma recta se usan tubos sencillos, pero si es preciso llevarlas a las esquinas, se emplean tubos más flexibles, fabricados en aluminio o en plástico moldeable.

-Con el sistema de canal plano, los conductos de ventilación se llevan por los armarios sin que se noten. Las uniones se realizan introduciendo unas piezas en otras. Hay adaptadores para pasar de secciones cuadradas a redondas y mangueras.

Una buena ventilación de tu casa hará que:

-No tengas peligro cuando, por ejemplo, se produzca un escape de gas en la cocina.

-Los extractores y las campanas de las cocinas son fundamentales para eliminar el humo que se produce al cocinar.

-Se eliminarán los malos olores.

-Evitarás la formación de moho y hongos en las paredes y techo de la vivienda.

-La falta de ventilación favorece el ambiente cargado de las habitaciones y, por lo tanto, las alergias.

Las paletas

Se trata de la herramienta por excelencia del albañil. Es un utensilio de palastro, generalmente de forma triangular y con el mango de madera, que se usa para manejar la mezcla o mortero (yeso, cemento, etc.). Su importancia queda demostrada en su propia variedad, ya que hay paletas, paletines, espátulas, etc.

Tipos

-Paletas tradicionales. Son instrumentos de cuchara plana y de punta redondeada que cuentan con un mango de madera.

-Paletín. Se trata de una variedad de la paleta, algo más pequeña y con forma puntiaguda.

-Espátula. Es otro derivado de la paleta. También acaba en punta, aunque no tan pronunciada como la del paletín.

-Llana. Utensilio de hierro, de forma cuadrada, con una agarradera de madera en la parte central.

-Fratás. Se trata de una pieza de madera o de plástico, de forma rectangular, similar a la llana. Es muy necesaria, sobre todo, para los trabajos de albañilería en que se emplea hormigón.

Para qué se usan

El uso de las paletas, los paletines o las espátulas resulta imprescindible en la construcción de muros y paredes. Con ellos se coge el material de agarre desde una llana o desde el cazo (también llamado artesa, cuezo o gaveta) donde se haya preparado para distribuirlo sobre el ladrillo que se "pegará" al resto de los ladrillos, donde también se pone material de agarre para así ir dando forma al muro. Como es lógico, dado su tamaño, el paletín y la espátula se utilizan para realizar trabajos más pequeños que la paleta.

La llana se usa para extender revoques, así como para alisarlos. Se puede aplicar tanto en paredes como en suelos.

Hay llanas dentadas que se emplean para marcar la primera capa de revoque, de modo que la segunda capa se agarre con firmeza. En cuando al fratás, se utiliza para alisar los revoques de morteros de cemento o de yeso.

Consejos

-Si vas a realizar trabajos sencillos, no conviene que compres paletas o paletines de muy buena calidad.

-Para reparaciones imprevistas puedes usar, si no dispones de paleta, un cuchillo de cocina de hoja ancha.

-En cuanto a su limpieza no te preocupes, únicamente necesitas agua, y si la masa se ha quedado seca, raspa con otra paleta, añade agua, y quedará totalmente limpia.

Prevenir y reparar goteras en techos exteriores

Las goteras son un problema que afecta a muchas viviendas. Por ello, para que el problema no se agrande, es posible repararlo e impermeabilizar la superficie afectada.

Cuáles son las causas

-La temida humedad suele ser provocada por la pérdida de agua de una tubería o por un mal drenaje de ventanas y puertas.

-Las goteras en techos que dan a los terrados se deben al paso del agua a través de una grieta o al desprendimiento o rotura de una teja.

Resolver goteras en los techos exteriores

Lo primero que debes hacer es comprobar si hay grietas en los suelos exteriores, principalmente en los ángulos con las paredes. Si las grietas son poco profundas, bastará con limpiarlas y cubrirlas con una emulsión asfáltica.

Cuando la grieta es muy profunda y el terrado es el de un edificio antiguo, conviene sellar la grieta con una lechada de cemento que contenga un agregado impermeabilizante. Después, aplicar la emulsión asfáltica en varias capas, hasta nivelar el trozo con el resto de la superficie. Para asegurar buenos resultados, es mejor intercalar fibra de vidrio entre capa y capa.

En agrietados de terrados de construcciones modernas, si la tela asfáltica que está debajo del pavimento se ha deteriorado, séllela con emulsión asfáltica. Si sólo se deterioró el pavimento, repárelo con cemento. No olvide proteger ambas reparaciones con tela soldada. La tela se corta en franjas del mismo ancho y se enciman de diferentes modos de acuerdo con la pendiente del terrado.

Goteras junto a ventanas

Al detectar una mancha de humedad en una pared interior bajo una ventana, es posible pensar que puede deberse a las filtraciones de agua a través del alféizar. El método de impermeabilización más adecuado consiste en colocar una barrera en la parte interior de éste para impedir el goteo. Después se debe tratar la mancha de humedad con un sistema de impermeabilización en superficie. Los golpes ocasionales que reciben puertas y ventanas pueden producir una caída del revoque alrededor de los marcos. Por esos espacios también se puede filtrar humedad. En este caso, puedes rellenar los huecos con masilla selladora resistente al agua.

Consejos

-Si la humedad de las paredes se debe a la condensación, una vez limpia y seca, es preferible pintarla con pinturas especiales anti condensación.

-Reparar las grietas, por mínimas que sean, en cuanto aparezcan. No se sabe si detrás puede haber una tubería que con el tiempo tenga filtraciones que traspasen a la grieta y posteriormente a toda la pared.

-Para reparar la grieta bastará con ponerle masilla y una vez seca pintar encima.

Tarima flotante estratificada para zonas de trabajo

Una de las etiquetas que marca hoy en día la calidad de un centro de trabajo es el material empleado en los suelos. En esta ocasión, nos centramos en un revestimiento que está viviendo un auténtico boom, ya que se utiliza cada vez con más frecuencia para ofrecer un aspecto moderno. Es económico, puede colocarse sobre los pavimentos existentes y es ideal para lugares de mucho tránsito, ya que no se deteriora fácilmente.

Qué es una tarima flotante

La tarima flotante estratificada, también llamada termo-laminada, se ha convertido en el revestimiento más común en las oficinas de reciente construcción, e incluso en rehabilitaciones de centros profesionales.

Se compone de piezas largas de madera sintética, que no se pegan ni se clavan al suelo, sino que se apoyan sobre una membrana de neopreno. Para colocarlas se encola el machihembrado o se unen mediante auto-trabado o clips metálicos, pero no son ni pegadas ni clavadas al piso existente.

El material de la tarima estratificada es un derivado de madera de alta densidad, denominado UHDF (panel de fibras duro), revestido con un termo-laminado decorativo de alta presión con una particular resistencia.

Que sea flotante quiere decir que no tiene contacto directo con el suelo, es decir, se instala sobre un aislante que la protege y evita el crujido al andar sobre ella. Además, puede ser instalada directamente sobre cualquier superficie plana y firme, incluso sobre pavimentos antiguos como revestimientos vinílicos, linóleo, alfombras, losas y parqués.

¿Por qué elegirla?

La tarima estratificada es la mejor elección para centros de trabajo en los que no hay tiempo para llevar a cabo un mantenimiento integral del suelo.

Se trata de un pavimento muy resistente al desgaste y a la luz solar. Por si esto fuera poco, se trata de un suelo muy sencillo de limpiar, que aguanta sin deterioro todo tipo de golpes. Esta tarima es muy difícil arañar, golpear e incluso quemar.

Una tarima estratificada no es madera, pero la simula. Esto es cada vez menos inconveniente ya que las imitaciones de todo tipo de madera son cada vez mejores. En la mayoría de las ocasiones es difícil reconocer si se trata de tarima estratificada o si por el contrario es de madera.

Está recomendada para uso profesional, en oficinas de tráfico intenso, e incluso es válida para aplicaciones comerciales tales como tiendas, farmacias, hoteles, etc.

Sus ventajas con respecto a los pavimentos de madera
-La luz del sol no afecta a su color original
-Mucho más resistente ante el peso y las quemaduras
-Resiste las pisadas sin que queden huellas
-Decorativo, disponible en una larga gama de colores
-Dispone de una amplia gama de diseños y complementos
-Su instalación es sencilla
-Una vez instalado no hay que lijar ni barnizar
-Fácil limpieza
-No precisa de mantenimiento
-Es ecológico y no causa alergias

El mantenimiento de la tarima
El mantenimiento de una tarima estratificada, se limita a pasar una aspiradora y a limpiar regularmente, con la ayuda de un paño humedecido con un detergente diluido.

Precio de los materiales

-El precio de una tarima de este tipo depende, fundamentalmente, de la calidad del material, el tamaño de la tabla, y de su color y textura. La mayor influencia en el precio la tiene el tamaño de las piezas, cuanto más pequeñas son éstas, más caras resultan.

-Tarima flotante estratificada: desde 15 euros/m^2.

-Capa inferior de espuma de polietileno de 3 mm de grosor: desde 24 euros el rollo de 1x15 m.

-Cola adhesiva con base de alcohol: desde 18 euros 4 kilos.

-Cuñas o taquitos de madera: desde 3 euros el paquete de 30 unidades.

-Tirador para colocar la última lama: desde 9 euros.

¿Sabías?

-Popularmente, se denomina parqué a todos los suelos de madera, pero se distinguen tres grandes grupos con características propias: la tarima, el parqué flotante y el parqué pegado.

-Los últimos modelos de tarima estratificada que han aparecido en el mercado no necesitan cola para colocarlos. Llevan un mecanismo que une fuertemente las piezas entre sí.

-Para conseguir un suelo que genere un ambiente de trabajo acogedor y, al mismo tiempo resistente, lo mejor es la tarima flotante estratificada en tono haya natural.

-Las piezas de tarima son de muy poco grosor; por lo que la altura del suelo sube muy poco cuando se coloca sobre otro pavimento.

-Un profesional precisará de, al menos, dos días enteros para cubrir 60 metros cuadrados de tarima flotante, siempre que la oficina esté despejada de mobiliario.

Cómo cambiar una baldosa rota o que "baila"

Si quieres acabar de una vez por todas con esa baldosa que está rota o que "baila", sólo tienes que seguir un sencillo proceso. Es una operación mucho más rápida de lo que crees y, con ella, vas a conseguir tener en perfecto estado el suelo de tu casa.

Qué necesitas

Antes de nada, ten en cuenta que el cambio de una baldosa debe realizarse por encolado, bien mediante un pegamento espeso especial para baldosines, o bien a través de cemento cola; que se obtiene mezclando polvos preparados con agua.

Si el suelo es regular, allanado con cemento, la mejor solución es esta última.

Recuerde que debe aplicar la cola sobre el suelo ayudándose siempre de una paleta. También necesitará un cincel de albañil y un martillo pequeño.

El proceso, paso a paso

Para cambiar la baldosa rota realice el siguiente proceso

1. Rompa por completo la baldosa a sustituir. Para ello, debe golpearla suavemente, por el centro, en sentido transversal y con un cincel de albañil, de unos 2 cm. de ancho.

2. Cuando esté totalmente rota, retire los trozos intentando que no quede ninguno, por muy pequeño que sea.

3. Limpie escrupulosamente la zona sobre la que estaba colocada la baldosa.

4. A continuación elimine todo el mortero seco que quede en el hueco. Es aconsejable hacer esta operación con el cincel y el martillo. Para no profundizar en exceso, coloque el cincel a 45° con respecto a la superficie.

5. Retire los pequeños trozos para dejar el hueco limpio de restos.

6. Introduzca en agua fría la baldosa nueva que va a colocar.

7. La siguiente operación debe ser la de humedecer el espacio que ha quedado al eliminar la vieja baldosa.

8. Llene el hueco con pegamento.

9. Coloque sobre el pegamento un bramante o un hilo fuerte atravesado.

10. A continuación introduzca la baldosa en su ubicación. Para ello, primero debe alinearla a lo largo y después dejarla caer sobre el hueco.

11. Compruebe que queda nivelada con las baldosas de alrededor. Si tuviese que añadir pegamento, tire del hilo por

los extremos, retire la baldosa y vuelva a extenderlo por las zonas en que falte.

12. Una vez nivelada la baldosa, apoye una mano sobre ella y con la otra tira del hilo cuidadosamente para retirarlo.

13. Para asentar la baldosa, sujétela con una mano y golpéela suavemente con el mango del martillo. De este modo, conseguirá repartir el pegamento por igual en toda la baldosa.

14. Con unos guantes puestos, repase los bordes y alise el sobrante del pegamento.

15. Para finalizar limpie con la esponja todos los restos y deje secar el pegamento.

Sanear el suelo de cemento de un garaje

Los suelos de cemento, muy porosos, resultan ser el lugar ideal para el cúmulo de polvo, manchas de grasa y barro. La aplicación de una pintura especial puede dejarlos como nuevos, permitiendo además lavar la superficie.

Las pinturas

Los dos tipos más utilizados para estas reparaciones son las denominadas listas para el empleo o las de dos componentes.

Dependiendo del fabricante, serán de resina, de poliuretano o acrílicas; y en cada caso habrá que utilizar un disolvente específico.

La preparación

Para preparar la superficie realice el siguiente proceso

1. Asegúrese de la buena adherencia de la pintura, por eso, el lugar debe estar perfectamente limpio y seco. Lávelo a fondo con agua y detergente normal.

2. Una vez seco, si aparecen manchas de grasa, es necesario frotar una por una con disolvente.

3. Si el cemento todavía tiene lechada es importante limpiarlo con ácido clorhídrico diluido en agua.

4. Para tapar las posibles ranuras se puede utilizar mortero de fraguado rápido; aplicándolo con una espátula hasta que penetre bien el material.

5. Después, pase una esponja húmeda y deje secar un par de días antes de proceder al pintado, para que desaparezca la humedad por completo.

6. Una vez seca la superficie, se pueden eliminar las irregularidades con una lijadora.

Los pasos para pintar

Una vez limpia la superficie, pintarla será fácil y rápido. Haga lo siguiente:

-Para comenzar a pintar es importante leer las instrucciones del fabricante de pintura. Normalmente, aconsejan añadir un poco de disolvente y esperar unos minutos para que la mezcla se vuelva homogénea.

-Comience pintando con una brocha ancha y creando una banda al borde de las paredes. Continúe con el rodillo,

utilizándolo con un mango telescópico. Avance uniformemente por pequeñas zonas con bandas paralelas. Siempre desde el fondo del garaje hacia fuera. Una vez seco aplique una segunda capa.

-Antes de utilizar la superficie, es recomendable esperar al menos 36 horas.

Cómo colocar losetas de vinilo

Es posible cambiar el suelo de una habitación y evitar al mismo tiempo tener que sacar escombro. ¿Cómo? Muy sencillo, colocando losetas de vinilo, uno de los mejores recursos cuando se pretende colocar un pavimento sobre otro ya existente.

Diferentes tipos de losetas

Puede elegir entre diferentes tipos de suelos plásticos de vinilo. Hay losetas autoadhesivas, de montaje con cola e, incluso, pavimento en rollo de iguales características. En este último caso, puede resultar mucho más difícil de manejar por su gran volumen.

Materiales necesarios

No son muchos los materiales o herramientas necesarias para colocar losetas de vinilo. En el caso de que sean de montaje con cola debe utilizar una escuadra de gran tamaño, una rasqueta, un metro, un cúter y cola de montaje. Lo más probable es que en el lugar donde adquiera las losetas le aconsejen sobre el tipo de cola que tiene que utilizar.

Limpie muy bien el suelo, ya que, el polvo y la arenilla impiden que la loseta se pegue bien. Además, conviene que el suelo esté muy liso ya que, cuantas menos faltas y bultos tenga, mejor acopladas quedarán las baldosas. Cuando ponga las losetas, intente que el radiador de la habitación esté apagado o que dé poco calor. Las temperaturas altas suelen afectar negativamente al resultado.

Pasos a seguir

Una vez limpia la habitación, haga lo siguiente:

-Coloque la primera loseta en el centro de la habitación. Ayúdese de una escuadra; ya que le permitirá colocar la baldosa en el lugar indicado y totalmente recta.

Después, marque en el suelo, con un lapicero, la forma de la baldosa.

Con una rasqueta, aplique la cola de montaje bien extendida y sitúe la loseta encima.

-Continúe pegando losetas, aunque debe tener mucho cuidado de no dejar huecos entre ellas.

También es importante que no queden burbujas al colocarlas y, por supuesto, nunca debe pisarlas, o corre el riesgo de recorrerlas o rebajarlas.

-Cuando llegue a la pared, debe cortar la baldosa utilizando un cúter para ello.

Instalar moqueta con cinta adhesiva

A la hora de instalar una moqueta es muy importante tener en cuenta la naturaleza de la superficie sobre la que se va a colocar. No es lo mismo hacerlo sobre madera, PVC o solado, el adhesivo que hay que utilizar cambiará.

Distintas posibilidades

Quizás la forma más fácil de instalar una moqueta sea utilizando una banda adhesiva de doble cara en los bordes y en las juntas para que el material no se mueva. Este sistema se suele utilizar si la superficie es pequeña y el suelo, por ejemplo, es de PVC.

Otra posibilidad es emplear un adhesivo para suelos, sin disolventes (pueden resultar dañinos para la salud). Si el suelo es de madera, previamente hay que aislar la superficie y prepararla. También se puede utilizar cola fluida.

Ésta, se retira fácilmente con agua y productos de limpieza. El reverso de la moqueta influye en el adhesivo.

Si es liso, es posible unirla con casi todas las cintas adhesivas y productos existentes en el mercado. Las moquetas con reverso textil requieren una fuerza de mayor unión.

Materiales

Además de artículos y productos de limpieza, necesita una rasqueta dentada, una paleta, elementos de corte como cúter o cuchillas (herramientas con cuchilla en gancho, cuchillo universal, etc.), plantillas de acero para facilitar el corte exacto y, por supuesto, el adhesivo.

Preparar el suelo

-Si va a colocar moqueta sobre un suelo de baldosas, limpie bien la superficie con bencina.

-Puede utilizar una espátula para eliminar posibles faltas, y dejar el suelo lo más liso posible para la aplicación del adhesivo o la cola.

-Cuando se instala sobre suelos de madera, conviene aislarlos previamente con un fieltro de yute, y sobre él, un tablero de 10 mm de grosor para compensar las desigualdades.

-También se puede aplicar un solado con una rasqueta y después igualarlo hasta conseguir una superficie homogénea. Por supuesto, hay que dejarla fraguar durante 24 horas como mínimo.

Pasos para la instalación

Una vez preparado el suelo, haga lo siguiente:

-Tome las medidas exactas de la habitación y elija el tamaño de los rollos dependiendo de ellas. Evitará dejar juntas en los lugares más visibles. Extienda el material por la habitación, seguramente tenga que cortar la moqueta. -Coloque la moqueta en el lugar donde va a ir, ajustando bien los bordes, después doble el material por la mitad y aplique el adhesivo a la otra mitad de la habitación. Después, despliegue la parte doblada sobre el adhesivo. Por último, doble la otra mitad sobre la moqueta colocada y repita la misma operación.

Colocar una ventana

Lo primero que deberá hacer es desmontar la ventana vieja. Para ello, habrá que destornillar los goznes empezando por el que se encuentra ubicado más abajo y así sucesivamente hasta llegar al superior. A continuación, desmontar las hojas. El marco de la antigua ventana puede haber sido fijado en la pared de diferentes maneras. Para despejar las fijaciones, empiece por quitar el marco y luego el yeso del encuadrado ayudándose de un martillo o una maza. Si estuviera fijado con tornillos y pasadores, el método más rápido consistirá en serrar éstos con una sierra de metales. Si se trata del marco de una ventana metálica se desmonta con un simple destornillador.

La colocación

Para obtener una buena estanqueidad, es preferible hacer renvalsos en la pared. Para hacerlo marque el ancho y la profundidad a lo largo de los laterales de la abertura, líneas verticales distantes entre sí del ancho del marco.

La profundidad de este rebajo irá en función del emplazamiento de la ventana, determinado, este último, por el tipo de apoyo y la naturaleza de la pared. Por último, verifique los niveles, los aplomos y los ángulos rectos de las paredes internas de la abertura. También es importante controlar la horizontalidad del apoyo de ventana. Se puede realizar una vista previa colocando provisionalmente el nuevo marco.

Fijado del marco

Se pueden elegir dos buenas opciones:

-La primera de ellas puede ser la de las patas de sellado. Atorníllelas sobre el canto del durmiente. Doble las patas en un ángulo de 90° y séllelas con un cemento rápido o con un mortero especial. Esto le permitirá anclarlas sólidamente en la pared.

-La segunda es la fijación por tornillos y tuercas. Se pueden utilizar unos pasadores especiales. El tornillo ya está colocado dentro de la tuerca y se prolonga por una pieza cónica que se ensancha cuando se atornilla, y sujeta la ventana en su sitio.

Detalles

Independientemente del método utilizado, a continuación, habrá que limpiar de polvo el vano y depositar una capa de masilla de albañilería, en el sitio donde se colocará la ventana.

Se recomienda colocar unas cuñas de madera sobre las cuales se asentará la ventana. Esto permitirá colocarla bien horizontalmente y dejar un espacio regular entre el marco y la pared.

Por último, ponga en su sitio la ventana. Cálcela por cada lado con pasadores de madera (biselados). Verifique una buena colocación horizontal y vertical del durmiente, y finalmente vigile el buen funcionamiento de las hojas.

Tipos de corte en cerámica

Los cortes más habituales, y que suelen resultar imprescindibles para colocar bien una baldosa, pueden convertirse en una ardua tarea si no sabemos cómo se ejecutan. En general, no resultan complicados si se cuenta con las herramientas adecuadas.

Cortes rectos y diagonales

Suelen ser necesarios para llevar a cabo la unión entre suelo y pared. Si no cabe una pieza entera habrá que cortarla a la medida.

Para esto, se utiliza un cortador manual, que permite hacer un corte muy recto y limpio. Simplemente habrá que tomar la medida exacta y realizarlo.

Si el corte es en diagonal, habrá que colocar la baldosa con uno de los vértices ajustado al cabezal de la herramienta.

Realizar orificios para tubos

Habitualmente, al instalar suelos o paredes de cerámica hay que perforar para dejar libres las salidas de los tubos correspondientes a enchufes, salidas de humos, desagües, etc. Para realizar estas perforaciones se utilizan brocas de widia que se acoplan a un cabezal con broca centradora fácilmente adaptable a una taladradora. También se puede utilizar un cortador manual acoplándole la broca de widia. Si el material a cortar es mármol o gres hay que utilizar brocas de diamante.

Formas curvas

Se puede dar el caso de tener que cortar cerámica en forma curva, por ejemplo, en una escalera de caracol o alrededor de una columna. Para este proceso se utiliza una máquina manual y previamente se dibuja la forma deseada en una plantilla y se traslada a la cerámica. Se raya con el cortador manual y se separan las piezas.

Cortes especiales

Los más habituales son los que se realizan para combinar dos tipos de cerámica. Por ejemplo, una de 60x60 con los pequeños tacos centrales. También suelen ser parecidos los cortes que se realizan para los huecos de enchufes. Estos cortes hay que hacerlos con una máquina especial, una cortadora-ingleteadora con disco continuo de diamante y refrigerada por agua.

Encimera de baldosas

Una encimera de baldosas o azulejos puede darle un aire diferente a su cocina. En el caso de que ya la tenga, pero desee reemplazar las antiguas, el trabajo puede ser algo laborioso; pero, sin duda, el resultado merece la pena.

Materiales

Hay gran variedad de baldosas que puede utilizar, aunque la más habitual para estos trabajos es la de gres esmaltado. Por supuesto, el precio varía según su calidad y medidas. En cualquier caso, conviene que el producto no sea demasiado barato porque suele ser menos resistente. Para trabajar necesitará mortero-cola en pasta, una lija, pegamento, tornillos, silicona y cemento blanco o de color. En cuanto a las herramientas, es importante que cuente con los siguientes materiales: escoplo, destornillador, martillo, mazo de caucho, raspador, rasqueta, esponja, espátula, un cortador de baldosas y un nivel.

Pasos previos

Retirar los azulejos antiguos es quizás el trabajo más arduo; ya que, éstos suelen estar fuertemente adheridos. Lo mejor para hacerlo es utilizar un cincel plano y un martillo. Por supuesto, hay que dejar muy limpia la zona, por lo que conviene que elimine los restos de mortero con un raspador y limpie la zona con una lija de grano grueso. Si alrededor del fregadero hay manchas de humedad, algo bastante frecuente, elimínelas con un producto decapante térmico que puede comprar en tiendas especializadas.

Cómo poner las baldosas

Si ya ha limpiado la superficie, extienda con una rasqueta una capa de mortero. Después, vaya colocando las baldosas, comenzando por una esquina exterior, y golpéelas con el mazo de caucho para que se peguen bien. A medida que las pone compruebe con un nivel que la zona está totalmente nivelada. Lo más probable es que cuando llegue a la pared tenga que cortar algún azulejo. Tome bien las medidas y hágalo con el cortador de baldosas. Una vez terminado, déjelo secar un día y, a continuación, aplique una capa de cemento blanco o de color. Esto dependerá del tono de las baldosas. Extienda el cemento antes de que se seque. Asegúrese de que cubra bien todas las juntas. Cuando comience a secarse el cemento, retire el sobrante con una esponja húmeda. Finalmente, puede conseguir mayor impermeabilidad si aplica una pequeña cantidad de silicona alrededor de la encimera.

A tener en cuenta

En ocasiones, la filtración del agua estropea el aglomerado, por lo que quizás se vea en la necesidad de sustituirlo. En este caso, corte el trozo en mal estado con una sierra eléctrica y sustitúyalo por una pieza en buen estado. Debe fijarla con tornillos y pegamento. No olvide que el grosor de las nuevas baldosas debe ser el mismo que el de las antiguas, ya que el resto de los elementos de la encimera no se van a modificar.

Alicatar sobre azulejos

Quitar los gastados azulejos de una pared para colocar otros nuevos suele ser una tarea bastante pesada y engorrosa. Para evitar este tipo de obra, es recomendable poner el nuevo alicatado sobre el que ya está fijado.

Recomendaciones previas

Antes de colocar los nuevos azulejos es necesario fijar bien los baldosines que estén medio desprendidos.

Para saber qué azulejos necesitan ser reparados, golpee ligeramente con un martillo los baldosines antiguos.

Los que suenen a hueco deben ser retirados y fijados nuevamente con cola de construcción.

Limpie con agua amoniacada toda la superficie donde va a ir colocado el nuevo alicatado.

Si se trata de una cocina, una mano de decapante eliminará todas las capas de grasa.

Materiales

Para alicatar sobre azulejos necesitará los siguientes materiales:

-Cola de construcción o de alicatar.

-Amoniaco o decapante.

-Azulejos.

-Producto para juntas.

Y las siguientes herramientas

-Espátula dentada.

-Esponjas.

-Trapos.

Con el área de trabajo ya acondicionada, extienda el adhesivo elegido (cola de construcción o de alicatado) con la espátula dentada. A continuación, coloque los nuevos azulejos de la forma habitual, pero teniendo en cuenta que no deben coincidir las juntas con las de los antiguos.

Remate profesional

Para que el trabajo de alicatado tenga un aspecto profesional, debe rellenar las juntas que se dejan entre los baldosines. Es una tarea bastante sencilla y que no requiere ni materiales ni herramientas especiales.

Esta operación, además de permitir conseguir un acabado más decorativo, sirve para disimular las pequeñas imperfecciones que se hayan producido.

Las juntas se rellenan con un producto especial para este fin, que se debe extender por la superficie alicatada mediante movimientos circulares con una esponja ya usada.

Una vez aplicado el producto, hay que pasar por la superficie alicatada un trapo ligeramente humedecido para eliminar el exceso de relleno. Seguramente será necesario repetir la limpieza un par de veces para no dejar ni rastro del producto para juntas.

Las filtraciones en el yeso

Los paneles de yeso laminado son muy utilizados a la hora de levantar nuevas separaciones en una casa o cuando se quiere insonorizar acústicamente una habitación. Sin embargo, este tipo de material se ve afectado por los efectos de las filtraciones de humedad más que las paredes corrientes debido a su escaso grosor. En cualquier caso, su arreglo apenas tiene complicación.

Herramientas

-Medidor de humedad. Este aparato es muy práctico, pero su precio es bastante elevado.

-Espátula y paleta.

-Cepillo de púas de latón.

-Rodillo y pincel.

-Lija.

Pasos

Para arreglar los desperfectos que aparecen en estos tabiques a causa de la humedad, debe hacer lo siguiente:

Si cuenta con un medidor de humedad, compruebe que ésta es superior a la media general. Si no, observe si la pintura se ha levantado. Golpee la unión entre rodapié y tabique golpeando sobre éste. Utilice el mango de alguna herramienta.

Si el sonido es seco significa que está bien adherido a la pared, por lo que no tendrá que despegarlo. Levante todas las zonas deterioradas hasta llegar a un punto donde el muro esté en buenas condiciones. Una vez picado, tendrá que rellenar de nuevo los huecos resultantes. Después, elimine el material sobrante con un cepillo de púas de latón. Finalmente, pase un papel de lija de grano medio por el resto de la pared para que el tratamiento y el acabado agarren con facilidad.

Cuando haya eliminado los materiales estropeados debe aplicar un producto endurecedor para evitar que el material siga desprendiéndose. Para ello, proteja las zonas que rodean a la pared (se trata de un líquido difícil de limpiar) y aplique el líquido con un pincel.

Pintar el muro

Antes de comenzar a pintar es necesario llevar a cabo una serie de pasos:

-1. Aplique una mano de impermeabilizante por toda la pared. Utilice el rodillo para ello.

-2. Una vez seco, rellene los huecos con masilla para emplastecer las paredes.

Alise bien la pasta con la espátula; de esta forma, luego tendrá que lijar menos para igualar la superficie.

-3. Aplique dos capas de pintura plástica. Entre una mano y otra debe dejar pasar 24 horas.

Reparar las juntas de la ventana

A veces, para evitar que el frío y la humedad entre en su casa debe "actuar" fuera de ella, especialmente, si sus ventanas son de madera y están ya un poco viejas.

Posibles soluciones

Según el estado de las ventanas puede optar por diferentes alternativas:

-Si a la madera de la ventana le ha afectado la humedad, posiblemente se agriete, se reseque y acabe rompiéndose. En este caso, debe hacer una reparación a fondo, arreglando la carpintería y las posibles grietas que aparezcan en el revestimiento de la fachada.

-Estas grietas o fisuras exteriores se reparan con espuma de poliuretano, un aislante muy bueno y fácil de manejar. Una vez aplicada y seca, no olvide dejar un pequeño espacio a ras de superficie para terminar de rellenar con un mortero específico antihumedad.

-En el caso de que la madera esté en muy mal estado, seguramente se vea en la necesidad de cambiar la ventana. De esta forma, evitará males mayores.

-Si no estaba tan mal como creía, utilice para ello productos resistentes y duraderos.

Materiales

En cualquier tienda especializada encontrará productos como: limpiadores anti-moho, morteros antihumedad, revestimientos acrílicos para impermeabilizar, limpiadores de humedad, espuma de poliuretano, endurecedores de pintura, etc. Por otro lado, debe contar con ciertas herramientas, nos referimos a una espátula, una paleta, un cepillo para limpiar madera, cinta adhesiva, etc.

Evite que se cuele el agua

Una vez que ha descubierto la junta por donde no sólo entra el frío sino también el agua, haga lo siguiente:

Utilice una espátula o cuchillo para raspar la junta que hay entre el marco de la ventana y la pared.

De esta forma, retirará todas las partículas sueltas que haya.

Esto, además, sirve para crear una superficie de más agarre a la hora de aplicar la masilla de relleno.

También debe eliminar las manchas que tenga la madera con un cepillo.

Si hay restos de pintura puede retirarlos con decapante.

En las partes de la madera estropeadas aplique un consolidante, un endurecedor de madera.

No olvide proteger la carpintería adecuadamente antes de ponerse manos a la obra.

Para ello, utilice una cinta adhesiva muy adherente, así no la manchará.

Aplique espuma auto-expandible para rellenar las fisuras y, a continuación, el mortero del revoco.

Colocar una cornisa de yeso

Las cornisas son un elemento decorativo que ha vuelto con fuerza. Además, instalarlas es muy fácil, tan sólo necesita un poco de técnica, unas manos minuciosas y algo de paciencia.

Eso sí, no hay que olvidar otra cuestión importante, la regularidad geométrica de paredes y techos.

Para su correcta colocación

Lo primero que debe hacer es comprobar la horizontalidad y verticalidad del techo y de las paredes. Necesita un soporte de yeso, ya sea en forma de revoco, placas o cuadros, del que es preciso eliminar cualquier tipo de revestimiento, como pintura o papel pintado. Como podrá suponer, el interés estético de las cornisas reside en la continuidad de los motivos o adornos que llevan, por lo que debe realizar, de forma provisional, la instalación de una línea de soporte de listones en dos paredes perpendiculares a la vez.

¿Qué necesitará?

-Un nivel.

-Clavos, un martillo, una espátula y un serrucho.

-Listones de madera y cola.

-La cornisa. Algunos fabricantes ofrecen gamas completas de elementos decorativos: cornisas, conchas angulares y otro tipo de ornamentos, más modernos o más clásicos.

También es fácil encontrar este material en tiendas especializadas de bricolaje en las que, además, disponen de gamas de molduras en espuma de poliuretano (de imitación).

Pasos para colocar una cornisa de yeso

No es muy complicado colocar una cornisa en el techo. A continuación, le explicamos los pasos a seguir:

Marque en cada pared la línea de apoyo de la cornisa, así como su correspondiente medida en el techo. Después, verifique con un nivel que la pendiente que hay en las paredes es la indicada. A continuación, clave los soportes de madera por todo el perímetro de la pieza. Servirá de apoyo a los módulos de la cornisa.

Marque el trazado de la línea de apoyo en el techo (utilizando la pieza, claro está). Como las distancias entre las pareces no corresponden a las de los motivos es preciso cortar éstos previamente. Trace la línea de corte en la pieza con ayuda de un lápiz y una regla; teniendo en cuenta que para realizar el corte de 45° en las esquinas se requiere gran delicadeza y precisión; de lo contrario, la estructura fibrosa del yeso se desmoronará. Corte la pieza con una sierra de madera con dentadura fina. Utilice también una guía especial para hacer ingletes.

La cola para pegar los cuadros de yeso se puede utilizar durante una hora aproximadamente. El endurecimiento se logra tras una hora y media.

Colocación

Se realiza en dos fases. Primero se coloca cada elemento en el soporte de la pared, y luego se endereza contra el techo. Hay que presionar con fuerza en toda la longitud, tanto contra las paredes como contra el techo.

Si queda un resquicio considerable entre dos piezas en ángulo (esquinas), llene el espacio con borra empapada en cola o con yeso de moldeo. Eso sí, hágalo cuando la cola ya haya fraguado.

La junta se debe tapar al ras. Ajuste lo mejor posible el exceso de cola sobrante.

La yuxtaposición de los elementos rectos requiere un cordón fino de cola entre ellos. Hay que apretar las piezas con el fin de formar una ligera rebaba que, posteriormente, habrá de eliminar. A la banda debe aplicarle una cola de toma profunda. Cuando haya comenzado a fraguar, se procede a la limpieza de las rebabas sobrantes entre los ángulos y entre los elementos. Luego, repase las imperfecciones utilizando cola y para finalizar, pase un pincel mojado.

Formas de revocar una pared

Los revocos con textura o pulidos son una buena idea si quiere que las paredes de cualquier habitación de su casa sean mucho más originales. Además, apenas se dará un poco más de trabajo que simplemente pintarlas. Los productos se venden ya mezclados, y se aplican con herramientas sencillas.

Lo que debe saber

-Los revocos son adecuados para su aplicación en superficies planas de cualquier naturaleza, como cal, cemento, yeso, placas de cartón de yeso, tableros.

-Antes de aplicar un revoco es preciso retirar cuidadosamente papeles viejos que puedan tener las paredes, partículas sueltas y restos de pinturas y de colas.

-Hay que utilizar una imprimación acrílica de fachadas al agua (extiéndala con una brocha o rodillo). Este tratamiento mejora la aglomeración de los fondos arenosos y la adherencia del revoco.

-El yeso, las placas de yeso y tableros de DM se tratan con imprimación acrílica de fachadas para mejorar su adherencia.

Tipos

Puede elegir entre varias posibilidades a la hora de revocar sus paredes.

-Revoco rayado: consiste en una pasta rayable sintética que contiene arena natural.

Una vez que ya se tiene la pared preparada e imprimada, hay que aplicar con la llana la masa de un espesor determinado por el tamaño del grano. Cuando todavía está húmeda se debe trabajar con la llana de plástico o de

madera, dejando que los granos de arena marquen tramas en la masa. Puede hacer los dibujos que quiera (círculos, líneas, etc.), lo importante es que la pared tenga un dibujo homogéneo.

-Revoco rugoso o picado: se trata de una pasta sintética al agua, sin arena, que se aplica con llana, rodillo o pistola.

El revestimiento rugoso o picado contiene más agua que la pasta rayable y se extiende en una capa más fina. Mientras ésta todavía está húmeda hay que darle textura utilizando herramientas como: llana, paleta, cepillos, rodillos de esponja gorda, rodillos de goma, etc.

Consejos

-Es muy importante agitar bien cualquier tipo de revoco antes de su aplicación.

-En el caso de que su aspecto sea demasiado consistente, conviene añadir un poco de agua a dicha mezcla.

-Hay que cerrar bien los envoltorios abiertos para que no se queden duros.

-Para evitar que se resequen, un buen sistema es añadir una capa de agua a la masa lo antes posible.

Construir un camino de piedra para el jardín

Tanto la entrada a una vivienda como el sendero de un pequeño jardín precisan de un camino. Pero, ¿y si en lugar de colocar baldosas, opta por la piedra natural cortada en bloques irregulares?

Propuesta

Le proponemos que emplee piedras calizas o de mármol cortadas en lajas de grosor medio. El travertino es una de las piedras más corrientemente utilizadas. También es posible emplear piedras calizas, basaltos, granitos y areniscas.

La elaboración es un tanto rústica, ya que se labran.

Gracias a un acabado más basto, sin embargo, resisten mejor el desgaste por roce.

Otra distinción entre la piedra pulimentada y la natural es el grosor de las piezas. Un acabado más fino, con piedras cortadas más delgadas, daría como resultado un pavimento más frágil.

Debe tener en cuenta

-La primera dificultad de esta clase de tendido es la disposición de las piedras ya que, se requiere mucho tiempo para lograr un resultado atractivo.

-En general, se debe evitar romper las piezas, pues se corre el riesgo de que se vuelvan más frágiles, mientras que siempre es posible modificar ligeramente la disposición, evitando tener que trocearlas.

-La separación mínima entre piedra y piedra debe ser al menos de 10mm. Por otro lado, no está mal si reserva aquellas que posean un borde limpio y regular para los lados del camino.

-Las lajas, también llamadas lastras, se colocan sobre un lecho de mortero y se van apretando una a una, controlando el nivel con un listón.

Pasos para construir el camino de piedras

Un camino realizado con piedra natural caliza colocada de forma irregular, además de bonito, tiene una gran resistencia. Veamos los pasos a seguir:

1. Primero debe poner las lajas sin mortero; así podrá repartirlas de la forma más armoniosa posible. Intente que no quede mucha separación entre piedra y piedra.

2. A continuación, prepare el mortero-cola, listo para amasar, respetando las indicaciones de dosificación que señala el fabricante.

3. Retire, aproximadamente, un metro de piedras, marcando su posición. Debe aplicar una capa espesa de mortero, compactando bien con la paleta.

4. Para mejorar la adherencia de las piedras, haga unas rayas en la superficie del mortero fresco con ayuda de una espátula dentada.

5. Si hace calor, meta la piedra caliza en un cubo de agua. Unte el reverso del bloque con mortero-cola, estriando de la misma forma que antes.

6. Coloque la piedra sobre el mortero. Hágalo en ángulo apoyando fuertemente sin hacerla deslizar. Compruebe que está nivelada usando un listón de madera.

7. Una vez terminado el camino, hay que unir las juntas. Para ello, utilice un mortero de juntas listo para usar o de los que vienen en polvo para preparar (una parte de cemento blanco por dos de arena de río fina).

8. Remate la colocación de las piedras justo cuando el mortero empiece a endurecer. Aplique la junta compactando y alisando con el borde de la paleta.

9. Espere a que el cemento de juntas comience a solidificar. En ese momento, eliminé las rebabas y libre los contornos de las piedras con una esponja y agua.

10. Deje endurecer el mortero completamente. Para eliminar las últimas trazas, utilice un limpiador regulado a baja presión o un cepillo.

Trabajos prácticos

1. Colocación de los pernos de anclaje

La estructura del techo se fijará al muro de neumáticos mediante pernos incrustados en cemento.

Para colocar los pernos primero vacía en torno a 4 litros de arena prensada hasta el fondo. (Fig. 34).

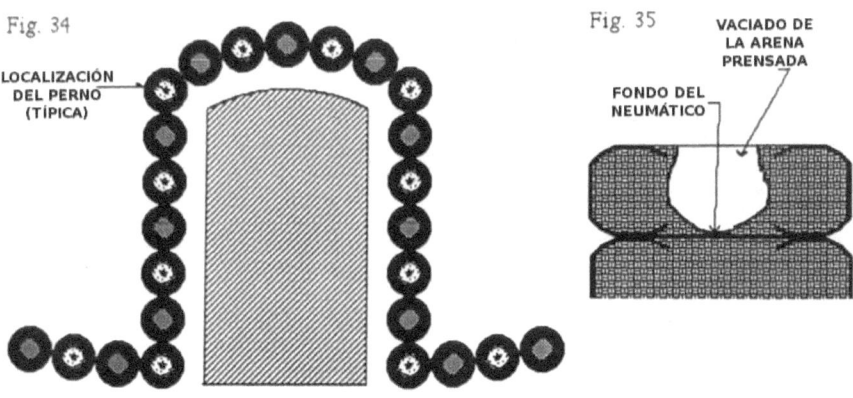

Fig. 34

LOCALIZACIÓN DEL PERNO (TÍPICA)

Fig. 35

VACIADO DE LA ARENA PRENSADA

FONDO DEL NEUMÁTICO

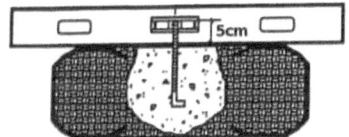

Fig. 36

5cm

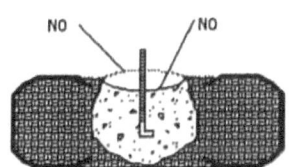

Fig. 37

NO   NO

Rellena con el hormigón y nivela la superficie a la altura de la parte superior de la rueda. La mezcla debe estar pastosa de modo que se pueda mantener el perno de pie al insertarlo en ella.

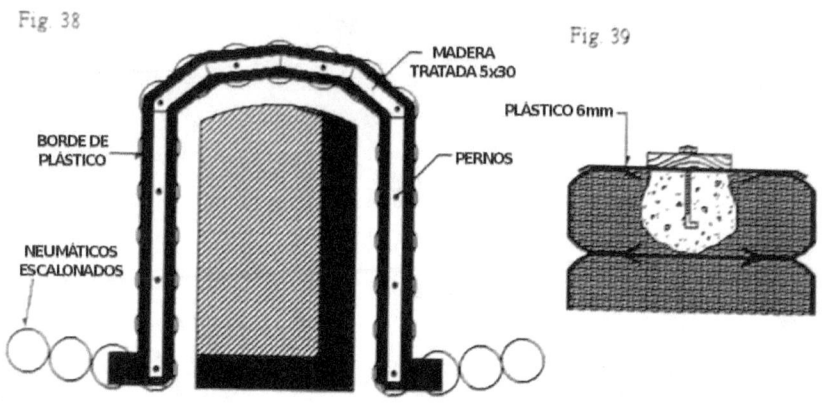

Fig. 38

Fig. 39

MADERA TRATADA 5x30

PLÁSTICO 6mm

BORDE DE PLÁSTICO

PERNOS

NEUMÁTICOS ESCALONADOS

2 – La lámina superior

Una vez que el hormigón se haya secado aplica dos capas de plástico de 6 mm sobre toda la parte superior del muro y ve grapándolas con una grapadora eléctrica.

La lámina superior estará constituida por dos listones de madera para exteriores de 5x30.

Taladra agujeros de 1 cm en el primer tablón que coincida con la posición de los pernos.

Atornilla las tablas empleando arandelas sobre el plástico, que quede ajustado, pero sin apretar en exceso para no dañar la base de hormigón.

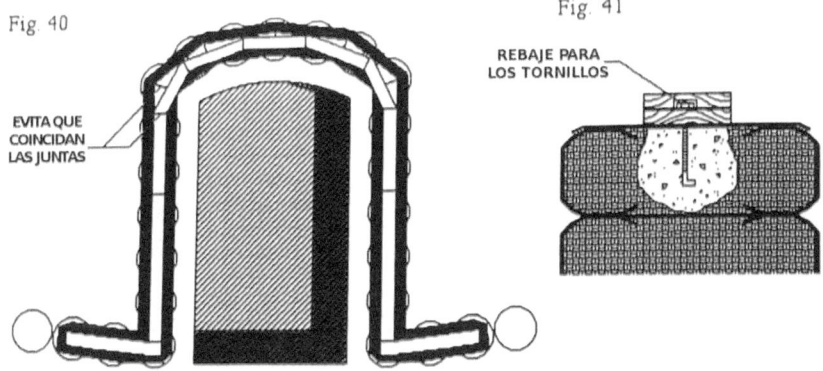

Fig. 40

EVITA QUE
COINCIDAN
LAS JUNTAS

Fig. 41

REBAJE PARA
LOS TORNILLOS

Los listones que conformarán la capa superior se colocarán de modo que las uniones superiores no coincidan con las de abajo.

Con una broca de pala taladra hoyos en la segunda capa que coincidan con las ubicaciones de los tornillos, lo suficientemente amplias para cubrir la tuerca y la arandela (aprox. 3 cm diámetro).

Esto permitirá que la segunda lámina quede plana sobre la inferior.

Clava la tabla superior en diversos puntos utilizando al menos cuatro clavos cada 30 cm.

Clava con más consistencia junto a las uniones.

Hecho esto se compacta la arena alrededor de los muros de neumáticos lo cual es conveniente que lo realice la pala de la excavadora mediante barridos hacia atrás.

Fig. 42

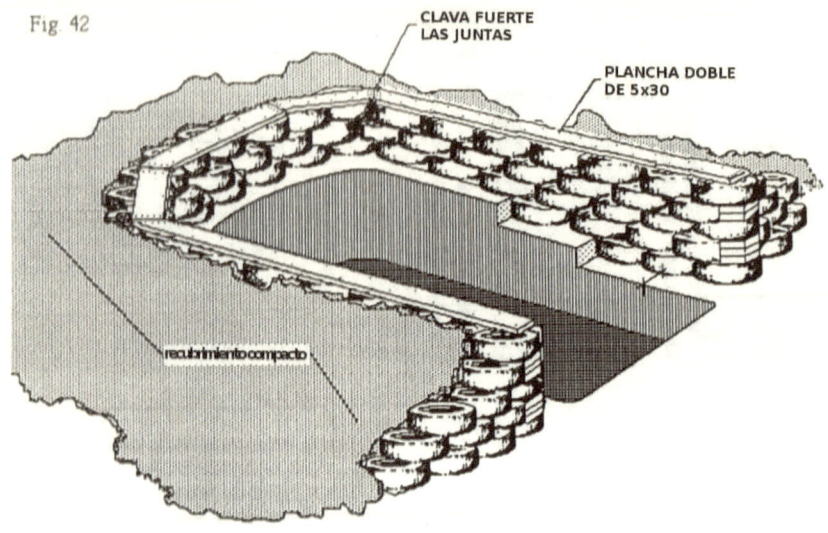

CLAVA FUERTE
LAS JUNTAS

PLANCHA DOBLE
DE 5x30

recubrimiento compacto

La U está ya lista para colocar las vigas

Fig. 43

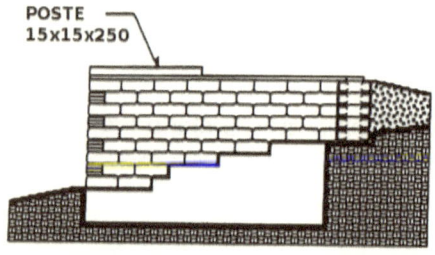

POSTE
15x15x250

Fig. 44

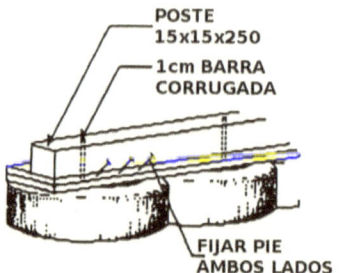

POSTE
15x15x250

1cm BARRA
CORRUGADA

FIJAR PIE
AMBOS LADOS

3 – Pendiente para las vigas

Para proporcionar pendiente habrán de utilizarse cuñas que se irán colocando simultáneamente en los muros Este y Oeste.

Sitúa un poste de 15x15x250 sobre la lámina de arriba y alinéala con su borde interior.

Taladra un agujero a través del bloque de madera hasta la plancha superior con cuidado de no alcanzar el hormigón.

Atraviesa el taco y la plancha con una barra corrugada ayudándote de un martillo.

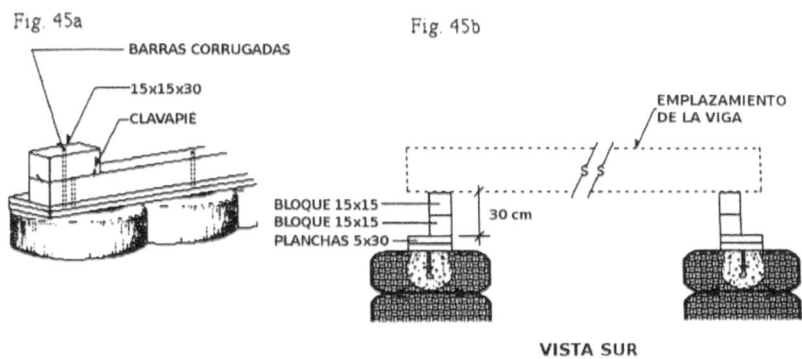

Corta un bloque de 15x15x30 y fíjalo sobre el largo siguiendo el mismo método.

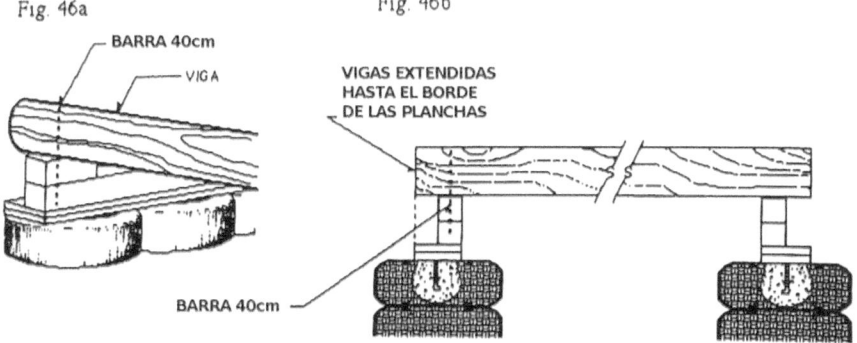

4 – Vigas

A continuación, coloca una viga sobre las planchas en la parte trasera de la U; alinéala con el exterior de las planchas. Esta viga se tendrá que empalmar con dos trozos más cortos para seguir la curvatura de la base. Prolonga la sección empalmada hasta que se una con la viga siguiente que estará separada 60 cm y elevada alrededor de 2,5 cm respecto a la del fondo. (Fig. 47 y 50).

Tensa una cuerda desde la parte superior de la viga frontal hasta la de la viga trasera. Hazlo en ambos lados centrando la cuerda sobre la plancha superior. Te servirá de guía para completar con cuñas y obtener la pendiente.

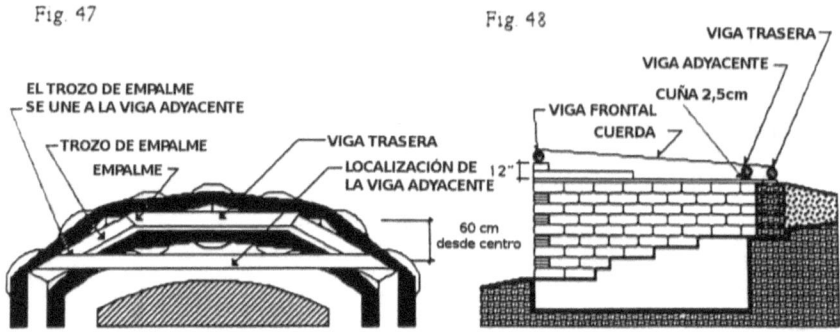

Las vigas estarán separadas 60 cm desde su centro. Corta y clava cuñas de 5X15 para ir elevando según las vallas necesitando.

Continúa clavando las vigas a las planchas mediante barras corrugadas poniendo cuidado de no alcanzar el hormigón.

Fig. 49

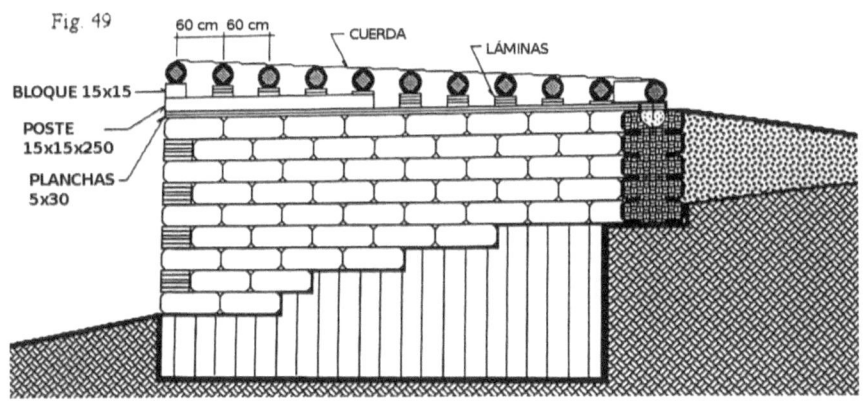

60 cm 60 cm — CUERDA — LÁMINAS

BLOQUE 15x15

POSTE
15x15x250

PLANCHAS
5x30

Fig 50

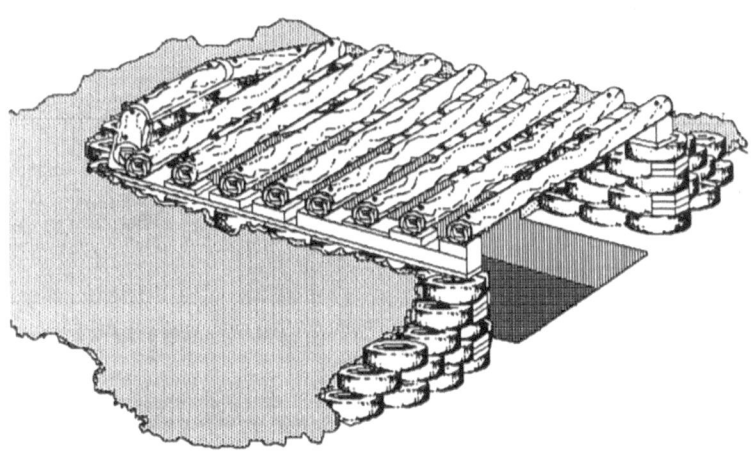

La "U" ya se encuentra preparada para colocar el relleno de latas, el techo y el aislamiento del perímetro.

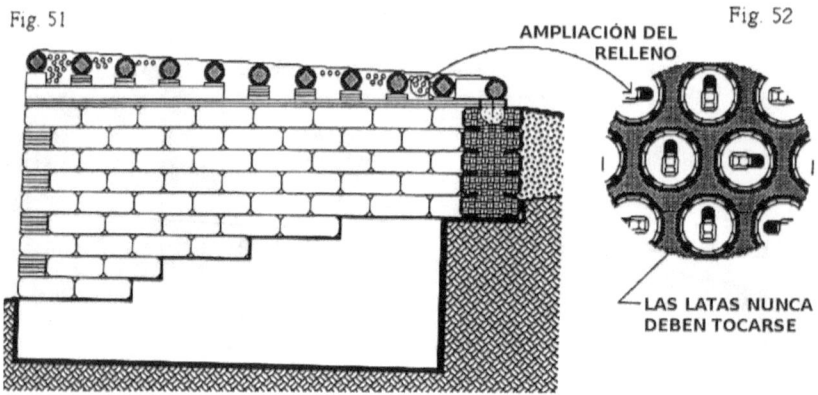

Fig. 51

Fig. 52

AMPLIACIÓN DEL RELLENO

LAS LATAS NUNCA DEBEN TOCARSE

5 – Relleno de latas

Los huecos entre las vigas y los calzos se rellenarán partiendo de la plancha superior usando latas de aluminio incrustadas en mortero de cemento (3 partes de arena y una de cemento portland). (Fig. 51).

Las latas por sí mismas no suponen un elemento estructural, actúan como espaciadores en el interior de la malla de hormigón.

Es la matriz de hormigón la que le da su consistencia al muro.

Todas las latas se colocarán con la boca dirigida al interior de la habitación. Las bocas ayudarán a la fijación del yeso más adelante. (Fig. 52).

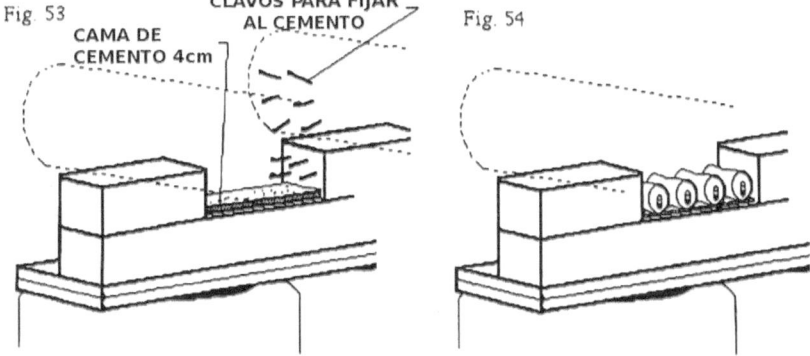

Utiliza guantes de goma siempre que trabajes con cemento portland para evitar irritaciones de piel.

La mezcla del mortero debe quedar pastosa de modo que no se escurra entre las latas. De otra manera esta fase resultaría muy compleja.

Clava unas cuantas puntillas sobre las partes en las que el mortero vaya a estar en contacto con la madera. Esto conseguirá la fijación de ambos materiales.

Ahora coloca una base de 4 cm de mortero sobre la madera (9 cm de ancho aprox.).

Estruja ligeramente cada una de las latas para que una vez que se haya secado el cemento no sea posible sacarlas empujándolas fuera del muro. Sepáralas unos dos cm y alinéalas con la cara exterior de la madera.

NUNCA dejes que las latas se toquen pues quedaría interrumpida la estructura de malla del cemento.

Fig. 55

Fig. 56

LISTÓN DE MADERA   CLAVOS AGARRE

VIGA

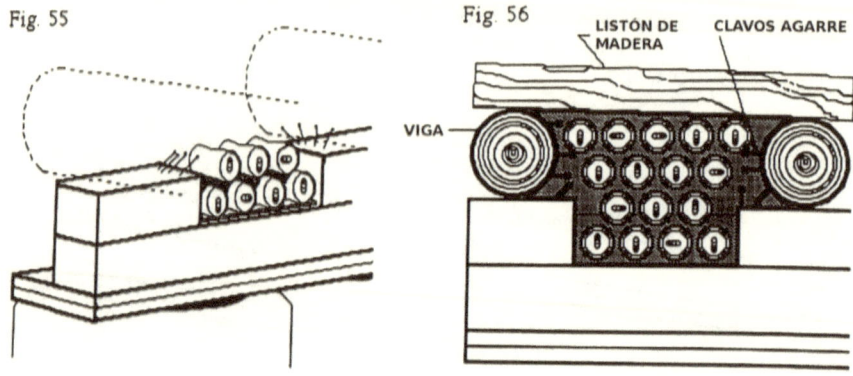

Echa otra cama de mortero sobre el centro de la primera fila de latas y añade una fila nueva.

Si el mortero se te está escurriendo entre las latas es que está demasiado acuoso. (Fig. 55).

Continúa con el proceso hasta llegar a la cuerda. (Fig. 56) Ayúdate de un listón que te haga de regla para conseguir un borde derecho y asegurarte de que has rellenado con cemento justo hasta la línea donde más adelante colocaremos el techo.

Fig. 57

Fig. 58

Clavos inclinados en las juntas

Fig. 58b

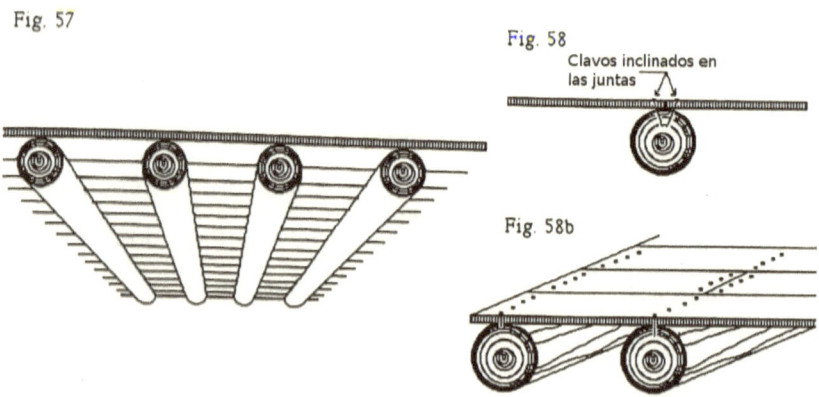

6 - Techo

El techo puede ser de cualquier tipo de madera, pero ten en cuenta que ése será tu techo visible. (Fig. 57).

La madera tendrá que tener un grosor mínimo de 1,5 cm. Es recomendable utilizar tableros de madera sin tratar de 2'5x30 cm ya que es barata y también tiene buena estética. Ve disponiendo el techo de lado a lado perpendicular a las vigas. Ve clavando los tableros sobre las vigas. Hazlo sobre el centro de éstas para que no se vayan a ver desde abajo. Cuando claves en torno a las juntas, da una cierta inclinación a las puntillas para que se fijen en la viga sin ser visibles desde abajo. Comienza por un lado y termina en el opuesto.

Detente en lugar donde vayas a colocar el tragaluz. Instala el tragaluz y luego continúa colocando el techo alrededor de éste.

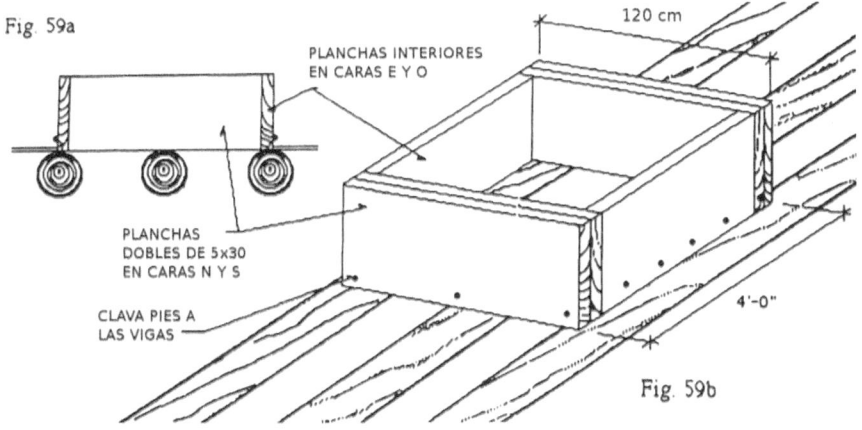

Fig. 59a

PLANCHAS INTERIORES EN CARAS E Y O

120 cm

PLANCHAS DOBLES DE 5x30 EN CARAS N Y S

CLAVA PIES A LAS VIGAS

4'-0"

Fig. 59b

7 - Tragaluz

El tragaluz no es más que una caja cuadrada de 1,2m de lado realizada con listones de madera de 5x30.

A la hora de la colocación de sus partes asegúrate de que las que se vayan a orientar hacia los lados norte y sur sean las piezas continuas de 1,2m. Además, éstas van a ser dobles.

Debe procurársele un buen asiento sobre las vigas.

En algunos casos la viga central se cortará más adelante y los extremos quedarán colgados de las piezas dobles.

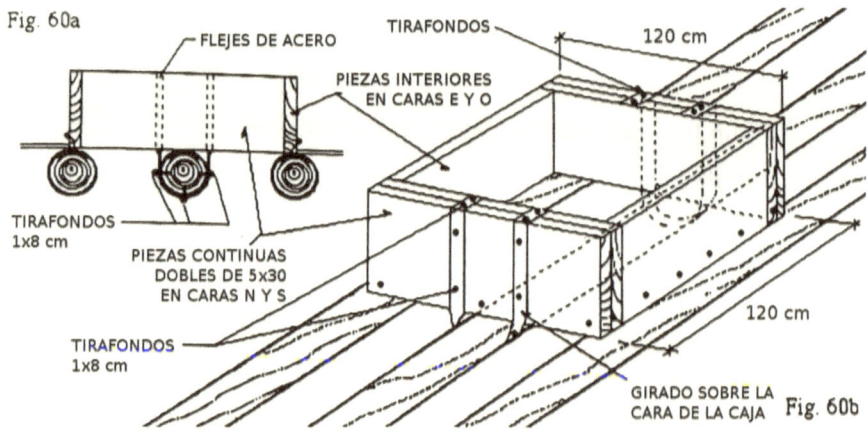

Fig. 60a

8 – Corte de la viga

Una vez que hayas instalado la caja tendrás que cortar el trozo de viga que queda en el medio. Antes de hacerlo, los extremos de la viga se asegurarán con flejes de acero de 0,3x5cm. Los flejes se fajarán alrededor de la viga, se pasarán por las caras externas de la caja y se plegarán

sobre la parte superior. Utiliza tirafondos de 1x8 cm para atornillar los flejes a la caja. Los flejes también tendrán que atornillarse a la viga, para lo cual se usarán tres tirafondos de 1x8. Esto se hace para asegurar que el fleje no se escurrirá de la viga; las vigas tienden a encoger y se perderían los flejes de no usar tirafondos.

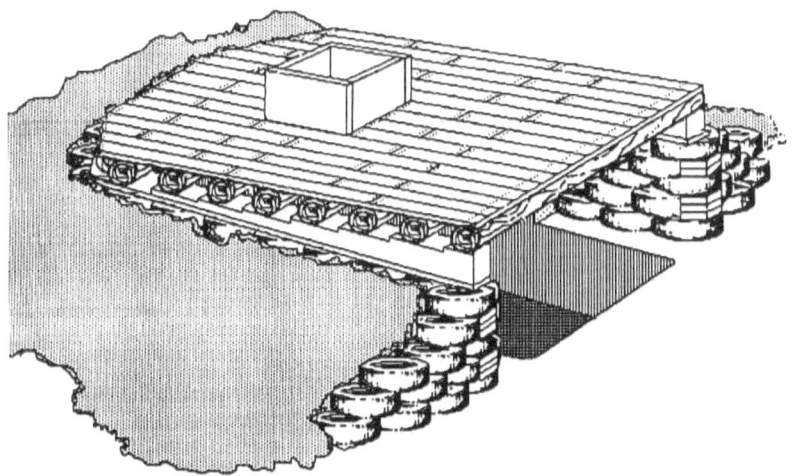

Ahora simplemente has de cortar el trozo de viga con una sierra eléctrica.

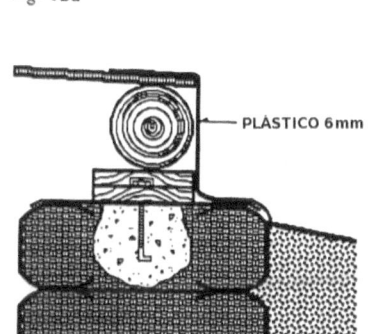

Fig 62a

PLÁSTICO 6mm

DETALLE DEL EXTREMO NORTE

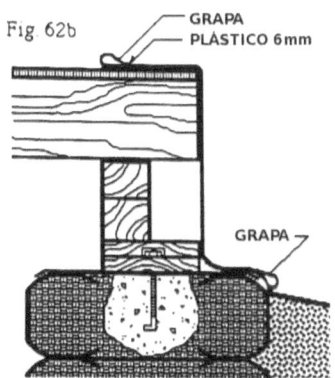

Fig. 62b

GRAPA
PLÁSTICO 6mm

GRAPA

DETALLE DEL EXTREMO SUR

9 – Barrera de vapor

Pinta ahora toda la madera con dos capas de barniz protector. Con esto la protegeremos de la humedad y los insectos.

A continuación, se deberá aplicar una barrera de vapor, lo cual suele hacerse en la parte cálida del aislamiento.

Grapa plástica de 6 mm al perímetro del techo y recubre toda la madera hasta la cubierta de los neumáticos superiores. Pliega los bordes del plástico para que quede una doble capa con el fin de evitar desgarros por las grapas.

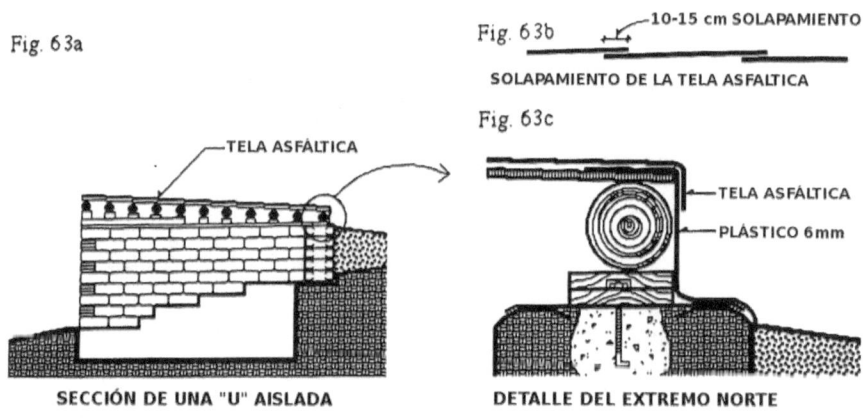

Fig. 63a

Fig. 63b

10-15 cm SOLAPAMIENTO

SOLAPAMIENTO DE LA TELA ASFÁLTICA

Fig. 63c

TELA ASFÁLTICA

TELA ASFÁLTICA

PLÁSTICO 6mm

SECCIÓN DE UNA "U" AISLADA

DETALLE DEL EXTREMO NORTE

Lo siguiente será colocar tela asfáltica sobre el tejado. Este material viene en rollos.

Comienza dese la parte norte desenrollando a lo largo del techo y grapándola sobre el tejado. Solapa las juntas unos 10 ó 15 cm y grápalas.

También debe solaparse el plástico de 6mm del perímetro,
La tela asfáltica proporcionará una barrera de vapor en la
parte cálida del aislamiento del techo. Y da igual cuánto la
hayas grapado que el viento se encargará de arrancarla, por
esta razón debes hacer esto justo antes de ponerte aislar el
techo.

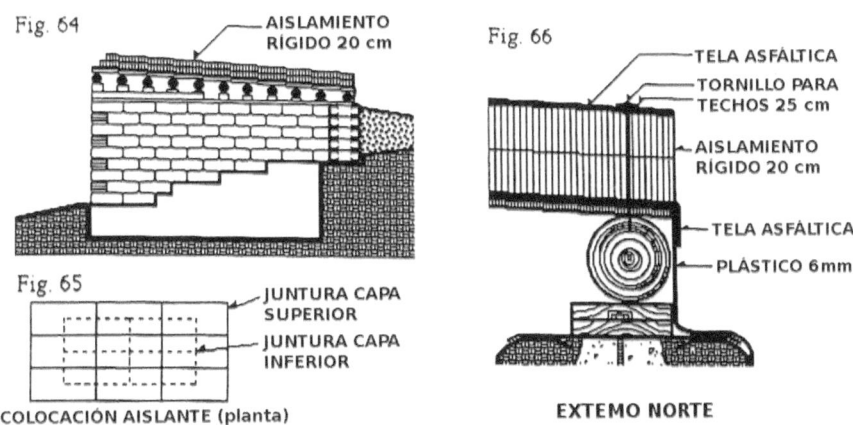

Fig. 64
AISLAMIENTO
RÍGIDO 20 cm

Fig. 65
JUNTURA CAPA
SUPERIOR
JUNTURA CAPA
INFERIOR

COLOCACIÓN AISLANTE (planta)

Fig. 66
TELA ASFÁLTICA
TORNILLO PARA
TECHOS 25 cm
AISLAMIENTO
RÍGIDO 20 cm
TELA ASFÁLTICA
PLÁSTICO 6mm

EXTEMO NORTE

10 – Aislamiento del techo y el perímetro

Dado que la mayor parte del calor se escapa a través del
techo, debería usarse como mínimo un aislamiento R-60. 20
cm de espuma de poliuretano junto con las propiedades
aislantes del techo y los materiales del tejado serán
suficientes. (Fig. 64).

Las planchas de espuma aislante vienen en láminas de 1,2
x 2,4m y con un grosor de 10cm.

Emplearás dos capas. Las uniones de las capas se
escalonarán para evitar que cualquier

unión se alinee formando una juntura de 20cm. (Fig. 65).

Atornilla el aislamiento a través del techo hasta las vigas usando tornillos de techo de 25cm. (Fig. 66) Es importante que atornilles o claves sobre las vigas o de otro modo los tornillos van a ser visibles desde el interior.

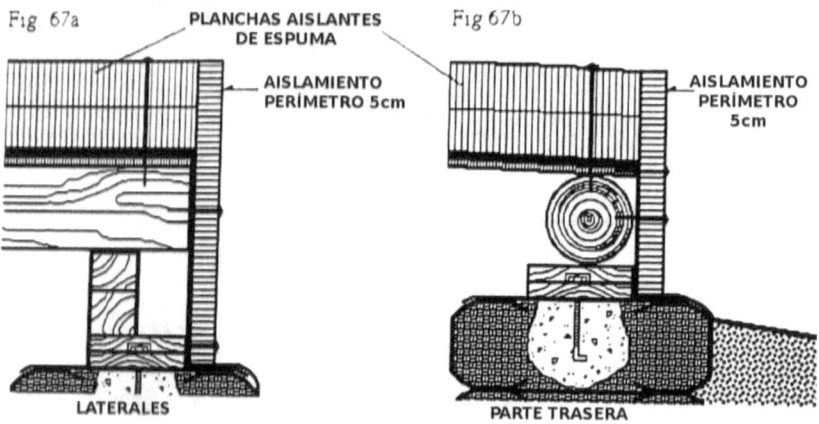

Lo mejor es fijar la primera capa de aislamiento de 10cm con unas cuantas puntillas de 15cm.

Luego coloca la siguiente capa escalonando las uniones y usando tornillos de 25cm.

El espacio del perímetro tras el relleno de latas junto a las vigas también precisa ser aislado.

Clava 5cm de aislamiento rígido impermeable para exteriores a las vigas alrededor de toda la estructura.

Éste debe nivelarse con la parte superior de las planchas de poliuretano.

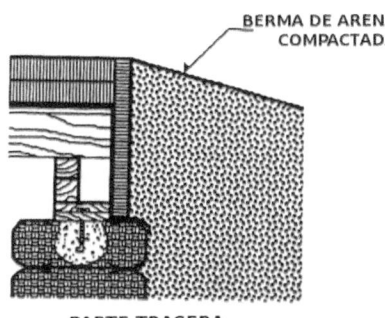

PARTE TRASERA

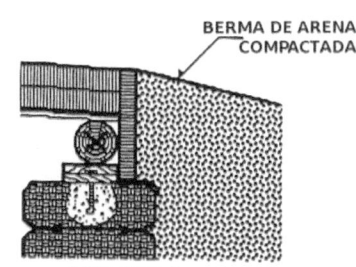

LATERALES

11 – Entierro 1

Lo siguiente es terminar de recubrir hasta la parte superior del aislamiento del techo.

Haz que la excavadora apelmace la arena barriendo hacia atrás con la pala.

Ya se puede instalar la solera del tejado.

Se usará papel embreado que se atornillará o clavará a las vigas a través del aislamiento.

Este proceso dejará instalado de forma permanente tanto el aislamiento como la solera del techo.

Debe de llevarse a cabo muy poco después de haber colocado el aislamiento rígido puesto que éste no debe mojarse.

Emplea en torno a 8 tornillos o espigas por cada plancha de 1,2 x 2,4m.

Clávalas sobre las vigas, señalándolas antes sobre el papel embreado con tiza para que te sirva de guía.

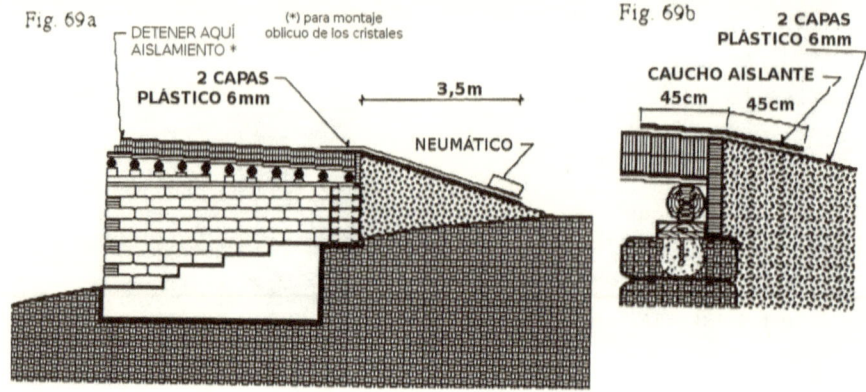

Fig. 69a — DETENER AQUÍ AISLAMIENTO *

(*) para montaje oblicuo de los cristales

2 CAPAS PLÁSTICO 6mm

3,5m

NEUMÁTICO

Fig. 69b — 2 CAPAS PLÁSTICO 6mm

CAUCHO AISLANTE

45cm   45cm

12 – *Techando sobre la berma*

Grapa dos capas de plástico de 6mm (o una de 10mm) al aislamiento de espuma.

Tiéndelas sobre la pendiente de arena alrededor de la "U" hasta que quede unos 3,5m alejada de la estructura.

De manera provisional sujeta el plástico ayudándote de algún neumático.

La unión entre la estructura y la tierra debe ahora cubrirse y reforzarse con aislante pesado de caucho.

Viene en rollos y lo proveen muchos fabricantes.

Este material se vende con un ancho aproximado de 1m y debe instalarse dejando mitad y mitad de cada lado para un óptimo solapamiento con la unión.

Para su fijación puede ser derretido o pegado con alquitrán.

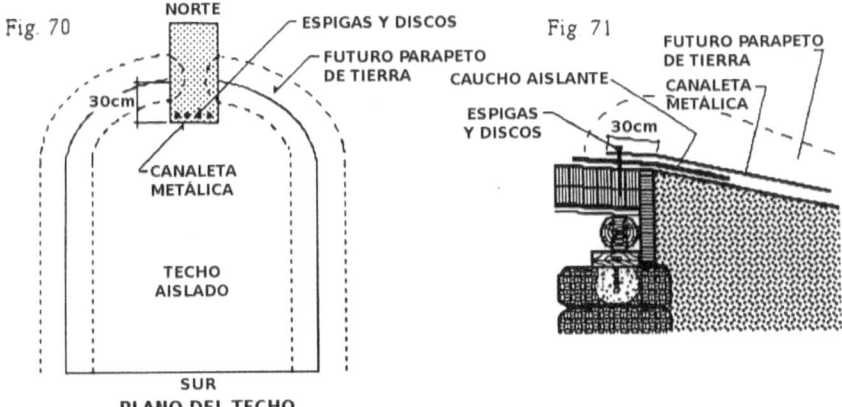

Fig. 70

Fig 71

NORTE

ESPIGAS Y DISCOS

FUTURO PARAPETO DE TIERRA

30cm

CANALETA METÁLICA

TECHO AISLADO

SUR

PLANO DEL TECHO

FUTURO PARAPETO DE TIERRA

CAUCHO AISLANTE

CANALETA METÁLICA

ESPIGAS Y DISCOS

30cm

13 – Desagüe

El agua debe canalizarse desde el techo hasta algún conducto que la aleje de la estructura.

Esto se consigue formando un parapeto de tierra que conducirá el agua a una canaleta de metal.

Esa canaleta de metal se colocará antes de acabar el techado y antes también de que formemos el parapeto.

El canal tiene que centrase justo detrás de la "U", en el punto más bajo del techo.

Coloca una plancha metálica de 2,5x1m solapando el techo unos 30cm y extendida sobre la tierra.

Clávala o atorníllala con el mismo tipo de tornillos o espigas que usaste para el aislamiento.

La plancha de metal debe pintarse con alquitrán en la parte inferior y color tierra en la parte de arriba para prevenir la oxidación.

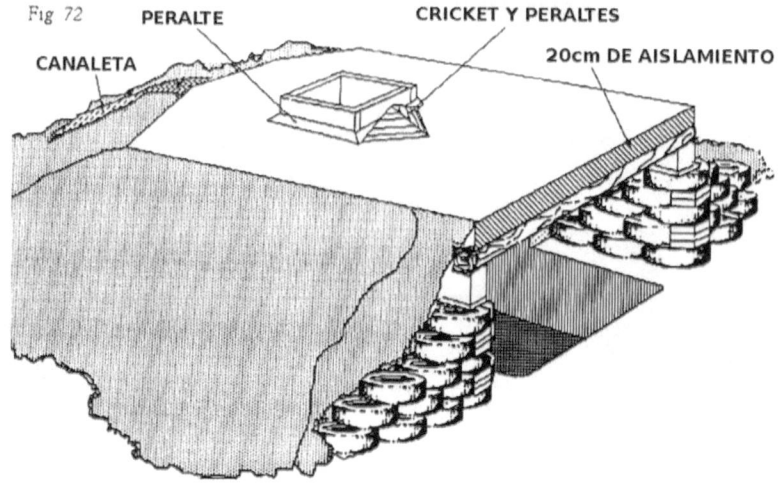

Fig 72   PERALTE   CRICKET Y PERALTES

CANALETA   20cm DE AISLAMIENTO

14 – Cricket y peraltes

Los peraltes son prismas de 45cm hechos con espuma de aislamiento y colocados junto al tragaluz en cada uno de sus lados.

Se instalan ahora y luego sobre ellos se instala el contrapiso.

El cricket está formado por capas de madera contrachapada en la parte del lado ascendente del techo para dispersar el agua a su alrededor.

Se ha de pegar con alquitrán, clavarse y recubrirse luego.

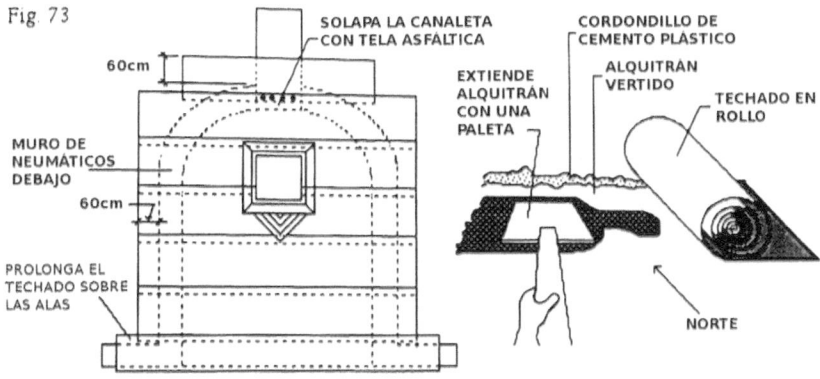

Fig. 73

60cm

MURO DE
NEUMÁTICOS
DEBAJO

60cm

PROLONGA EL
TECHADO SOBRE
LAS ALAS

SOLAPA LA CANALETA
CON TELA ASFÁLTICA

EXTIENDE
ALQUITRÁN
CON UNA
PALETA

CORDONDILLO DE
CEMENTO PLÁSTICO

ALQUITRÁN
VERTIDO

TECHADO EN
ROLLO

NORTE

15 – Techado en frío

Ahora se aplica el rollo para techado pegándolo con alquitrán en frío. El alquitrán se vierte en el camino del desenrolle, esparciéndolo con alguna paleta de madera.

El proceso es muy similar al de pegar papel en una pared. Debido a la pendiente del techo, el alquitrán resbalará hacia el norte.

Esto se puede prevenir dejando primero una pequeña cresta de cemento plástico (otro producto alquitranado) a lo largo de la parte norte del rollo.

Esto también servirá como junta para los solapamientos además de como presa para evitar que el alquitrán en frío se nos derrame.

Saca 60cm de recubrimiento por los bordes de la construcción y extiéndelo por la falda de arena y por sobre los muros-alas laterales.

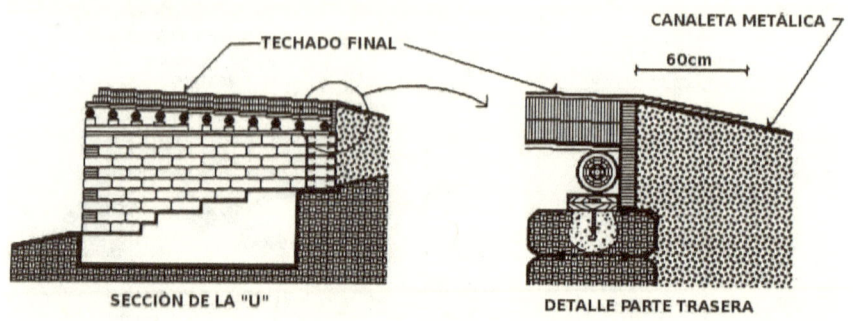

SECCIÓN DE LA "U"   DETALLE PARTE TRASERA

Es posible emplear distintos tipos de techo para el acabado final. Tu elección dependerá de tu presupuesto.

El techo de caucho, que se aplica usando calor, es el que se recomienda, aunque sin embargo es relativamente caro.

Un techo revestido de alquitrán frío es lo más sencillo y económico y siempre admitirá otro de caucho por encima.

Comienza a trabajar siempre desde la parte trasera solapando las juntas 10 ó 15 cm.

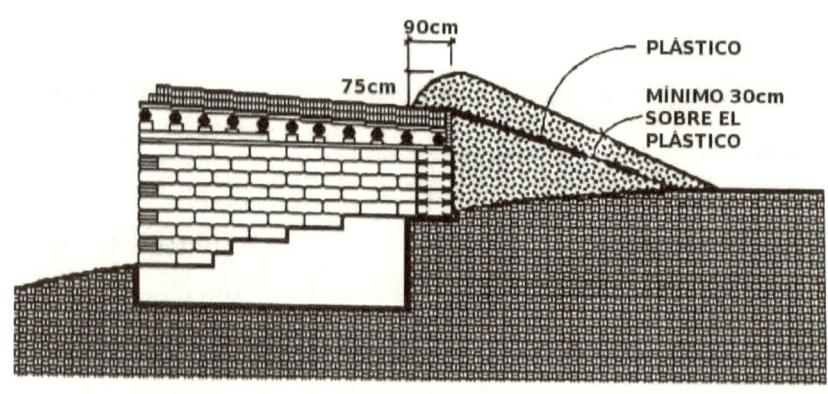

16 – Entierro 2

Ahora tienes que formar el parapeto de tierra. Simplemente recubre sobre el techo hasta una altura de 75cm aproximadamente. Esto debe cubrir la estructura en torno a 90cm. Continúa enterrando hasta cubrir el plástico con un mínimo de 30cm de tierra compactada con la excavadora.

Retén la tierra en torno al canal dejando visible alrededor de 45cm de la plancha de metal. Ahora ya tienes una "U" impermeable. Es importante tener presente que no deben comenzarse ni el invernadero ni ningún otro detalle hasta haber finalizado la "U" tal como se ha descrito. Un error común es no impermeabilizar la "U" antes de entrar en otros detalles. Este sistema de construcción requiere de un techado inmediato y dejar lista la forma en torno a la "U" para derivar el agua superficial.

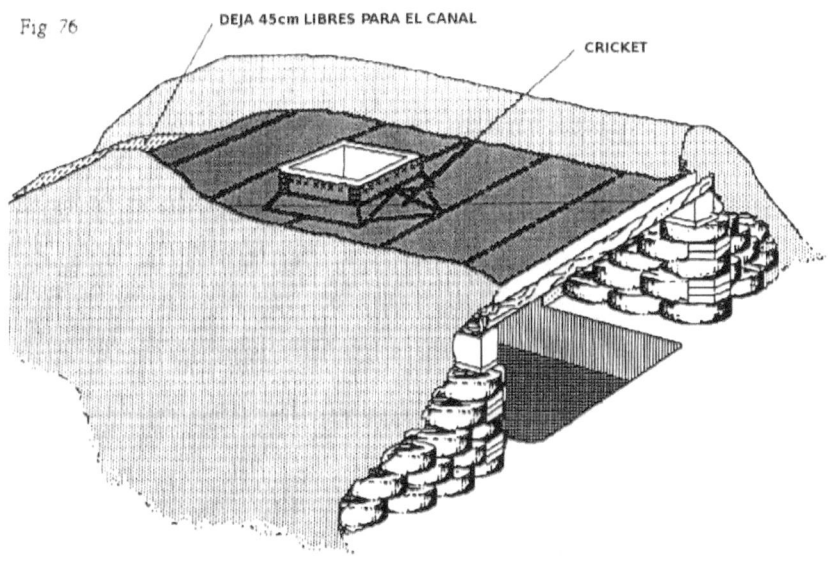

Fig 76   DEJA 45cm LIBRES PARA EL CANAL   CRICKET

Terminología

BROCHAL: Unión entre vigas y/o zunchos ejecutada fuera de ejes de pilares.

CEMENTO: Conglomerante hidráulico obtenido de la calcinación de las piedras calizas.

ESTUCO: Es una técnica artesanal que consiste en la aplicación de una pasta hecha de cal y arena de mármol en forma de revoco en superficies tanto interiores como exteriores. La función básica de esta técnica es la de embellecer los revestimientos y dar una mayor duración al paso del tiempo.

FRESCO: Pintura mural sobre superficies enlucidas, antes de que sequen o endurezcan.

FUSTE: Parte de la columna situada entre el capitel y la basa.

LLAGA: Garganta. Degolladura. Junta vertical que queda entre dos piedras o sillares, ladrillos u otro material al construir una fábrica.

MAMPOSTERIA: Fábrica de piedra más o menos tosca, con piedras llamadas mampuestos, sentadas con mortero o sin él (en seco).

MORTERO: Argamasa. Conglomerado o pasta formada por la mezcla de un conglomerante con arena y agua.

NERVIO: Elemento lineal resistente de un forjado ejecutado in situ.

PAÑO: Lienzo de pared o muro entre dos columnas, pilastras, etc. En una bóveda de crucería cada sección en que queda dividida por los nervios.

PUZOLANAS: Roca volcánica que procede de los yacimientos descubiertos en Pozzueli o Puzzoli, cerca de Nápoles.

REFUNDIDO: Proceso de depuración de la fundición por nuevo fundido.

REVOCOS: Revestimiento continuo exterior de mortero de cemento, cal o mixto, que se aplica en una o más capas, aplicado según varios métodos y que mejoran la superficie del acabado del mismo.

RIOSTRA: Pieza o barra que rigidiza a otras, por lo general cruzándolas oblicuamente para triangular.

ROCALLA: Conjunto de piedrecillas que se desprenden de las rocas por la acción del tiempo o del agua o que saltan al labrarla. Decoración a base de motivos que reproducen las formas de las conchas.

SILLAR: Piedra labrada y escuadrada. Bloque de piedra perfectamente trabajada y que formara parte de un todo, fábrica de sillería, columna, arco, bóveda, etc.

TAJO: Obra. Lugar donde efectúa el trabajo una cuadrilla o conjunto de trabajadores, dentro de una obra.

TALOCHA: Instrumento usado por los albañiles, utilizado para fratasar con mortero los paramentos de tabiques o muros, consistiendo en una tabla con mango.

TEMPLE: Clase de pintura al agua, propia para interiores.

TOBA: Piedra caliza muy porosa y ligera, constituida por la cal que lleva en disolución las aguas de ciertos manantiales y que se deposita en las plantas y en el suelo.

VIGA (JÁCENA): Elemento recto lineal que forma parte de los pórticos, que recibe cargas verticales y que trabaja fundamentalmente a flexión.

VIGUETA: Elemento lineal resistente prefabricado de los forjados unidireccionales.

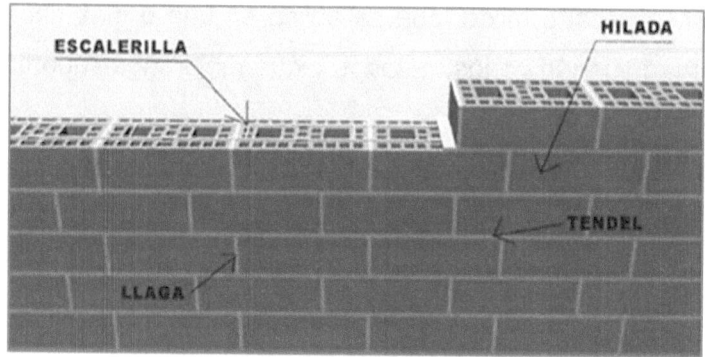

Partes de una pared de ladrillos

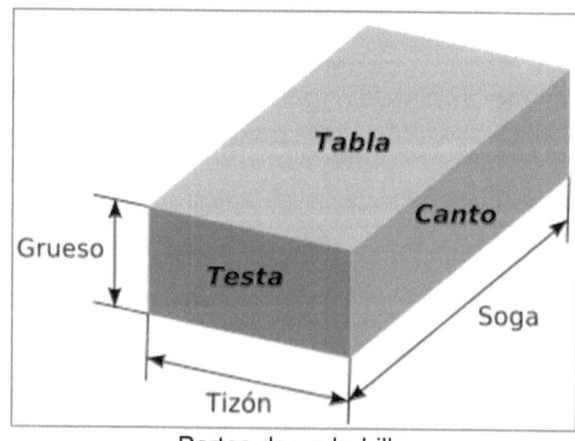

Partes de un ladrillo

Bibliografía

-Revista Polis – Año 1 – Nro. 1 – FADU – UNL.

-Historia Crítica de la Arquitectura Moderna – Kenneth Frampton.

-El acero en la Construcción Moderna.

-Diccionario de Arquitectura en la Argentina – Jorge Francisco Liemur / Fernando Aliata.

-Historia de la Arquitectura del Siglo XX – Konemann Verlagsgesellschaft mbH.

-Apuntes de Catedra Historia II.

-Arquitectura y Ciudad – El Regionalismo, los edificios porosos y otras cuestiones - Articulo de Cesar Luis Carli.

-Villanueva, Juan. Arte de albañilería.

-Vitruvio, los diez libros de Arquitectura.

-Violet Le Duc, Eugene. Le voyage de l'Italie.

-Garate Rojas, Ignacio. Artes de la cal.

-Garate Rojas, Ignacio. Artes de los yesos, Yeserías y Estucos.

-Términos Ilustrados de Arquitectura, construcción y otras artes y oficios, Alberto Serra Hamilton.

-Arquitectura griega y Romana. Robertson, D.S.

Manual de
ALBAÑILERÍA

Ing. Miguel D'Addario

Primera edición
Comunidad Europea
2018